绿色食品标志许可审查指南

中国绿色食品发展中心　编著

U0349620

中国农业科学技术出版社

图书在版编目（CIP）数据

绿色食品标志许可审查指南 / 中国绿色食品发展中心
编著. --北京：中国农业科学技术出版社，2022.6（2024.6 重印）
ISBN 978-7-5116-5773-2

Ⅰ.①绿… Ⅱ.①中… Ⅲ.①绿色食品－标志－许
可证制度－中国－指南 Ⅳ.①TS2-62

中国版本图书馆CIP数据核字（2022）第 082771 号

责任编辑	史咏竹
责任校对	李向荣
责任印制	姜义伟　王思文

出 版 者	中国农业科学技术出版社
	北京市中关村南大街 12 号　　邮编：100081
电　　话	（010）82105169（编辑室）　　（010）82109702（发行部）
	（010）82109709（读者服务部）
网　　址	http: // www.castp.cn
经 销 者	各地新华书店
印 刷 者	北京捷迅佳彩印刷有限公司
开　　本	148 mm × 210 mm　1/32
印　　张	8.25
字　　数	218 千字
版　　次	2022 年 6 月第 1 版　2024 年 6 月第 2 次印刷
定　　价	58.00 元

《绿色食品标志许可审查指南》
编写人员

主　　编　陈　倩　李显军

执行主编　张　侨　王雪薇　徐淑波　盖文婷　陈红彬

副 主 编　赵建坤　杜先云　傅尚文　宋　铮　王　璋

　　　　　赵永红　王　晶

参编人员（排名不分先后）

　　　　　张逸先　王宗英　杨　震　乔春楠　邬清碧

　　　　　张金凤　李建锋　刘学锋　林静雅　张　优

　　　　　马　卓　张　宪　宫凤影　陈　曦　唐　伟

　　　　　杜海洋

序

　　良好的生态环境、安全优质的食品是人们对美好生活的追求和向往。为保护我国生态环境，提高农产品质量，促进食品工业发展，增进人民身体健康，农业部①于20世纪90年代推出了以"安全、优质、环保、可持续发展"为核心发展理念的"绿色食品"。经过30年的发展，绿色食品事业发展取得显著成效，创建了一套特色鲜明的农产品质量安全管理制度，打造了一个安全优质的农产品精品品牌，创立了一个蓬勃发展的新兴朝阳产业。截至2021年年底，全国有效使用绿色食品标志的企业总数已达23 493家，产品总数51 071个。发展绿色食品为提升我国农产品质量安全水平，推动农业标准化生产，增加绿色优质农产品供给，促进农业增效、农民增收发挥了积极作用。

　　绿色食品发展对我国全面实施乡村振兴、生态文明建设、农业生产"三品一标"等战略部署具有重要支撑作用，日益受到各级地方政府部门、生产企业、农业从业者和消费者的广泛关注和高度认可。越来越多的生产者希望生产绿色食品、供应绿色食品，越来越多的消费者希望了解绿色食品、吃上绿色食品。

　　为了让各级政府和农业农村主管部门、广大生产企业和从业人员、消费者系统了解绿色食品发展概况、生产技术与管理要求、申报流程和制度规范，2019年开始中国绿色食品发展中心组织专家着

---

　　① 中华人民共和国农业部，全书简称农业部。2018年3月，国务院机构改革将农业部职责整合，组建中华人民共和国农业农村部，简称农业农村部。

手编制《绿色食品申报指南丛书》，先期已编写出版了稻米、茶叶、水果、蔬菜、牛羊和植保六个分卷，2022年完成了《绿色食品标志许可审查指南》的编写。《绿色食品标志许可审查指南》是对《绿色食品标志许可审查工作规范》（2022版）的说明和解读，分为概述、修订情况、主要条文解读和审查常见问题四章，详细介绍了《绿色食品标志许可审查工作规范》的历次版本情况、制定与修订原则和主要变化，并采用逐条释义的方式，结合具体实例对规范条款进行了解读，力求体现科学性、实操性和指导性，有助于绿色食品标志许可审查工作体系实现理解和执行的统一。

《绿色食品申报指南丛书》对申请使用绿色食品标志的企业和从业者有较强的指导性，可作为绿色食品企业、绿色食品内部检查员和农业生产从业者的培训教材或工具书，还可作为绿色食品工作人员的工作指导书，同时，也为关注绿色食品事业发展的各级政府有关部门、农业农村主管部门工作人员和广大消费者提供参考。

中国绿色食品发展中心主任

目　录

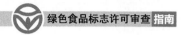

第一章

概　述

一、绿色食品的概念和内涵

《绿色食品标志管理办法》（2012年6月13日农业部第七次常务会议审议通过，2012年10月1日起施行）第二条规定：绿色食品，是指产自优良生态环境、按照绿色食品标准生产、实行全程质量控制并获得绿色食品标志使用权的安全、优质食用农产品及相关产品。绿色食品概念的内涵包括以下五个方面。

优良生态环境　大气、土壤、水体、水质洁净，没有受到工业污染，同时通过减少化肥、农药等投入品使用，降低农业生产过程对环境的负面影响，以保护农业生态环境，促进农业可持续发展。优良生态环境是绿色食品生产的基础。

按照绿色食品标准生产　按照绿色食品特定的生产方式，在生产加工过程中，依据绿色食品标准，限量、限品种、限时间地使用安全的化学合成农药、肥料、兽药、渔药、饲料及食品添加剂等生产资料及其他物质。

实行全程质量控制　执行从"土地到餐桌"绿色食品全程质量控制技术路线，推行"环境有监测、生产有控制、产品有检验、包装有标识、证后有监管"的标准化生产模式，通过采用绿色化、减量化、清洁化、可持续生产技术，委托第三方检测机构开展产地环境和产品质量检测检验，实施标志许可审查，开展证后监管，形成一套特色鲜明、较为完善的农产品质量保障制度体系，确保绿色食品产品质量可靠。

绿色食品标志使用权　绿色食品标志是经国家工商总局①核准注册的我国首例质量证明商标，用于证明产品具有绿色食品的品质。在产品包装上使用绿色食品标志是绿色食品的外在特征，依据《中华人民共和国商标法》《绿色食品标志管理办法》等法律法规、绿色食品技术标准和程序规范，通过中国绿色食品发展中心许可审查的申请人方可获得绿色食品标志使用权。

安全、优质食用农产品及相关产品　安全、优质是绿色食品的内在特征，具体表现为绿色食品产品安全卫生指标严于国家、行业标准，部分标准达到国际先进水平；产品质量指标突出优质品质和营养健康功能，等级规格达到国家优级或一级品以上要求。绿色食品产品包括农林及加工、畜禽、水产、饮品、其他产品5个大类、57个小类，基本覆盖了我国主要大宗农产品及加工产品。

二、绿色食品标准

绿色食品标准是用以规范绿色食品生产行为、质量检测、标志许可审查和证后监管等工作的一系列技术性文件，是指导绿色食品生产、判定产品质量、实施标志许可审查的重要依据。绿色食品标准立足精品定位，按照"安全与优质相结合、先进性与实用性相结合"的原则，接轨国际食品法典委员会法规、欧盟法规、美国国家标准和日本农林水产省标准等国际先进标准，对绿色食品产前、产

---

① 中华人民共和国国家工商行政管理总局，全书简称国家工商总局。2018年3月，国务院机构改革，将其职责整合，组建中华人民共和国国家市场监督管理总局，全书简称国家市场监管总局；将其商标管理职责整合，重新组建中华人民共和国国家知识产权局，全书简称国家知识产权局。

中和产后全过程质量控制技术和指标做了全面的规定。截至2021年，农业农村部共发布绿色食品标准142项，包括产品标准128项，通用技术准则14项。其中，核心标准包括产地环境、投入品使用、生产技术、产品质量和包装储运等方面的标准。依据上述标准，中国绿色食品发展中心组织制定了区域性绿色食品生产操作规程162项。

《绿色食品　产地环境质量》根据农业生态的特点和绿色食品生产对生态环境的要求，规定了产地的空气、水质、土壤的各项指标以及浓度限值以及监测和评价方法。同时提出了绿色食品产地土壤肥力分级和土壤质量综合评价方法。

生产技术标准主要包括《绿色食品　农药使用准则》《绿色食品　食品添加剂使用准则》《绿色食品　肥料使用准则》《绿色食品　兽药使用准则》《绿色食品　饲料及饲料添加剂使用准则》《绿色食品　渔药使用准则》，是对生产绿色食品过程中投入品的一个原则性规定，对允许、限制和禁止使用的生产资料及其使用方法、使用剂量、使用次数和休药期等做出了明确规定，用于指导绿色食品标准化生产。

绿色食品生产技术操作规程是以上述准则为依据，按作物种类、畜牧种类和不同农业区域的生产特性分别制定的，用于指导绿色食品生产活动，规范绿色食品生产技术的技术规定，包括农产品种植、畜禽饲养、水产养殖和食品加工等技术操作规程。

绿色食品产品标准，是衡量绿色食品最终产品质量的指标尺度。以国家强制性标准为基础，对相关质量安全项目指标规定更高、更严的要求，其主要标准限值达到或超过国际先进水平。

《绿色食品　包装通用准则》《绿色食品　储藏运输准则》分别规定了包装材料选用的范围、种类，包装上的标识内容，以及绿色食品储运的条件、方法、时间，以保证绿色食品在生产过程全程中不遭受污染、不改变品质，并有利于环保、节能。

综上所述，绿色食品标准反映了绿色食品生产、管理和质量控制的先进水平，突出了绿色食品产品无污染、安全、优质的品质，不仅要保证"舌尖上的安全"，还要满足"舌尖上的美味"消费升级需求。

三、绿色食品标志

绿色食品标志是加施于获得绿色食品审查许可的产品或者其包装上的证明性标记，用于证明绿色食品安全、优质、营养的品质特性。我国绿色食品实行标志许可和管理制度，绿色食品标志是获得绿色食品标志许可的形式，也是对消费者的承诺和利益保护。

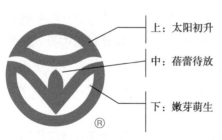

上：太阳初升
中：蓓蕾待放
下：嫩芽萌生

图 1-1　绿色食品标志

绿色食品标志图形由三部分构成，上方的太阳、下方的嫩芽和中心的蓓蕾。标志图形为正圆形，意为保护、安全；颜色为绿色，象征生命活力，整个图形表达明媚阳光下人与自然的和谐与生机（图1-1）。

绿色食品标志是我国第一例质量证明商标。1991年5月，绿色食品标志经国家工商总局核准注册，奠定了其标志本身的法律地位。中国绿色食品发展中心是绿色食品证明商标的合法注册人和持有人，受《中华人民共和国商标法》保护。绿色食品证明商标的注册号为第892107号至第892139号、第17637076号至第17637135号。注册范围为《商标注册用商品和服务国际分类》第1、第2、第3、第5、第29、第30、第31、第32、第33九大类，基本上涵盖了食用农产品及其加工品。绿色食品标志商标注册形式包括图形、绿色食品中英文，以及图形与中英文组合等10种形式（图1-2）。

图 1-2　绿色食品标志商标注册形式

绿色食品标志先后在日本、韩国、美国、俄罗斯、英国、法国、葡萄牙、芬兰、澳大利亚、新加坡、中国香港11个国家和地区成功注册。

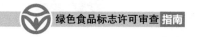

四、绿色食品标志许可制度

绿色食品标志许可是绿色食品开发和管理工作的一项重要制度安排。绿色食品标志许可是依据绿色食品标志使用的许可条件，对申请使用标志的申请人和产品实施符合性审查后，准许其使用绿色食品标志的过程。通过标志许可，可以衡量申请主体的生产过程及其产品质量是否符合特定的绿色食品标准，充分保障绿色食品质量的可靠。严把绿色食品许可准入关，是确保绿色食品品质和质量安全的第一道门槛。依据绿色食品标志质量证明商标的特定法律属性，我国实行绿色食品标志许可制度。

1990年，农业部正式启动绿色食品标志使用许可工作，当年首批获得绿色食品标志使用权的产品有82个，产品通告刊登于《人民日报》（11月25日）。1993年，农业部颁布了《绿色食品标志管理办法》，我国绿色食品标志使用许可工作步入了规范有序、持续发展的轨道，逐步建立了以证明商标许可为核心的各项制度安排，包括标准体系、审查程序规范、标志使用规则、监督管理制度等。构建了国家—省—地市（县）三级工作体系，承担绿色食品标志使用许可的受理申请、现场检查、初审以及证后监管等工作，培养了一支3 000多人的业务精通、管理规范的检查员、监管员队伍，组建了涵盖种植、养殖、加工等各专业领域158名专家组成的专家评审队伍，保证标志许可工作的科学性、权威性、公正性。

经过30余年的发展，中国绿色食品发展中心已构建了较为完善的绿色食品标志许可制度体系，基本制度主要有《绿色食品标志许可审查程序》《绿色食品标志许可审查工作规范》《绿色食品现场检查工作规范》《绿色食品专家评审工作规范》《绿色食品检查员注册管理办法》和《绿色食品检查员工作绩效考评实施办法》等。上述制度是绿色食品检查员、专家开展绿色食品标志许可工作的重要依据，是绿色食品标志许可科学性、规范性和公正性的重要保障。

绿色食品标志许可工作应按照《绿色食品标志许可审查程序》组织实施。《绿色食品标志许可审查程序》包括标志许可的申请、初次申请审查、续展申请审查、境外申请审查、申诉处理等程序内容。其核心是审查工作流程，包括受理审查、现场检查、省级工作机构初审、综合审查、专家评审和颁证决定等环节。

中国绿色食品发展中心负责绿色食品标志使用申请的综合审查、核准工作；省级农业行政主管部门所属绿色食品工作机构负责本行政区域绿色食品标志使用申请的受理、现场检查和初审工作；地（市）、县级农业行政主管部门所属相关工作机构可受省级工作机构委托担任上述工作；绿色食品检测机构负责绿色食品产地环境、产品检测和评价工作。

在实施过程中，由申请使用绿色食品标志的生产主体提出申请，省级绿色食品工作机构（以下简称省级工作机构）或受其委托的地市级、县级工作机构对申请人资质条件及其提交的申请材料进行受理审查，委派检查组依据《绿色食品现场检查工作规范》对申请主体的产地环境、生产过程、投入品使用、质量管理体系等进行现场检查。申请人委托绿色食品定点检测机构进行环境、产品质量检测。省级工作机构对受理审查、现场检查、检验检测环节及其相关材料的完备性、规范性、科学性进行初审，形成初审意见。中国绿色食品发展中心对省级工作机构初审意见及其提交的完整材料进行综合审查并组织专家评审，并依据绿色食品标志许可条件作出符合性评价，出具最终审查结论，作出颁证决定。同意颁证的，通过省级绿色食品工作机构通知申请人，进入绿色食品标志使用证书颁发环节；不同意颁证的，书面告知其理由（图1-3）。

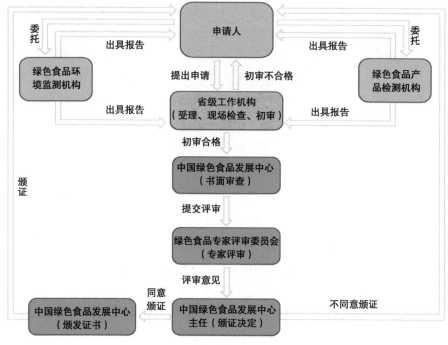

图 1-3　绿色食品标志许可程序

五、绿色食品标志许可审查

（一）基本特征

绿色食品标志许可审查工作机制，以提高绿色食品标志许可有效性为目的，以规范审查行为为核心，以严格防控质量安全风险为主线，依托专业高效的运行体系，综合运用多种审查手段，审查过程及各环节相互配合，相互衔接，确保绿色食品质量风险可控、产品安全优质。绿色食品标志许可审查包括绿色食品工作机构对申报主体提交材料的审核、书面审查，对申请主体资质、质量控制体系、生产过程投入品使用、产品质量检验、生产可持续性等方面的实地核查，绿色食品定点检验检测机构对产地生态环境、产品质量的检测，行业专家基于风险评估的审查。

绿色食品标志许可审查具有以下特征：一是科学性。审查机制建立在国家农产品质量安全相关法律规定的基础上，尊重客观实际，反映审查工作内在规律。二是规范性。审查工作涵盖的每个环节以及环节之间的衔接与关联全部严格按照审查制度规范运行。三是有效性。审查程序、标准公开合法，审查结果客观、公正，审查组织体系运行稳定有效。

（二）绿色食品标志许可审查的必要性

1. 绿色食品标志许可审查是推动绿色食品持续健康发展的根本保障

当前，绿色食品已进入巩固成果、补齐短板、全面提升阶段，绿色食品面临的主要任务是要遵循创新、协调、绿色、开放、共享发展理念，进一步突出安全优质和全产业链优势，加快形成产业链条完整、产品优质优价、生态和环境友好发展的新格局。绿色食品标志许可审查作为绿色食品产业链条的入口，始终坚持"从严把关、防范风险"的工作目标，按照生态环境优先、可持续发展原则，建立以农药、肥料等投入品减量化、规范化使用为核心的审查制度和全产业链控制的审查机制，引导农业生产方式向绿色、清洁生产模式转型。绿色食品标志许可审查机制的构建是绿色食品践行绿色发展理念、深入实施生态建设战略的一次实践创新，对加快农业"转方式、调结构"，提升农产品质量安全水平，补齐"生态改善、农民增收"的短板发挥了重要的促进作用。

2. 绿色食品标志许可审查是着力解决审查科学性、时效性、有效性的迫切需要

审查尺度不统一，风险管控不精准，审批时间长是长久以来影响绿色食品标志许可审查有效性的主要因素。要解决这些问题，迫

切需要建立并完善绿色食品标志许可审查机制，通过完善各项审查制度，进一步明确审查程序、审查范围、审查标准，统一审查尺度，保证审查的科学性、公正性和权威性。通过严格执行审查程序，落实审查各环节时限要求，保证审查的时效性。通过健全审查保障机制，落实职责分工，实行检查员签字负责制，进一步强化检查员风险意识和责任意识，提升审查的有效性。

3. 绿色食品标志许可审查是推进审查工作规范化、现代化、信息化的必然要求

我国已全面建成小康社会，新一轮改革浪潮正在各领域兴起，服务理念和运作机制不断创新，这要求绿色食品标志许可审查工作不断适应管理规范化、现代化、信息化的趋势，实行全过程质量管理，不断创新审查方式，推进信息化进程，加快审查职能向基层延伸，建立健全风险前瞻、管理科学、规范服务、运转高效的标志许可审查工作长效机制，实现审查运行成本更少、服务质量更高、审查效果最优，不断推进审查工作规范化、现代化、信息化，促进绿色食品事业持续健康发展。

（三）绿色食品标志许可审查体系的构建

中国绿色食品发展中心以"优化结构、防控风险、提升质量"为基本工作目标，以"提高准入门槛，严格审查管理"为总抓手，坚持问题导向，持续严审严查，切实防范质量风险，持续强化审查工作机制创新，相继建成"绿色食品内检员网络培训体系"，全面落实内部检查员"先培训后申报"制度，建立国家和省级龙头企业快速受理机制，强化立"四查四通报"工作机制，不断完善审查管理制度，提高蔬菜、水果最小申报规模，提出加工企业发展占比目标，严格限制平行生产和委托加工条件，建立续展率与新增产品数挂钩的联动工作机制等，不断提高绿色食品审查工作的规范性、科学性和有效性，为加快推动绿色食品高质量发展，打下了坚实基础。

1. 完善标志许可制度体系

完备的审查许可制度是开展有效审查、防范质量风险的保障。近年来，为进一步适应新形势、新任务和新要求，中国绿色食品发展中心在原有"一程序，两规范"（《绿色食品标志许可审查程序》《绿色食品标志许可审查工作规范》和《绿色食品现场检查工作规范》）的基础上，修订了《绿色食品专家评审工作规范》《绿色食品企业内部检查员管理办法》《绿色食品现场检查工作绩效考评实施办法》，制定了《绿色食品专家库管理办法》，发布了《关于改进绿色食品申报有关事项的通知》《关于进一步严格绿色食品申请人条件审查的通知》《关于进一步完善绿色食品审查要求的通知》等，基本健全了涵盖申请审查、专家评审、检查员、内部检查员队伍管理以及能力建设等方面标志许可制度体系，使绿色食品标志许可审查各项工作逐步制度化、规范化。

2. 推行分段审查机制

依据《绿色食品标志许可审查程序》，中国绿色食品发展中心优化再造了审查环节和审查流程，并建立了分段审查工作机制。中国绿色食品发展中心充分发挥牵头抓总作用，主抓书面审查及发现问题的现场核查。省级工作机构主要是根据责任分工，承担好受理申请、委派检查员、初审上报工作。市县级工作机构协助省级工作机构做好辖区内的现场检查及其他相关基础性工作。绿色食品定点检测机构做好环境质量监测和产品检测工作。农业、食品工程等专业领域的专家为绿色食品审查提出专业评审意见。分段负责工作机制不仅强化了各级机构的审查把关职能，而且充分发挥了专业技术机构与行业专家的技术优势，保障了绿色食品标志许可审查的有效性。

3. 引入风险评估机制

防范质量安全风险是绿色食品坚守的底线。把质量安全风险评估作为贯穿绿色食品标志许可审查各环节的主线，是有效防范质量安全风险的重要手段，也是严把绿色食品质量关的客观需要。当前，面对复杂多变的农产品生产和市场环境，绿色食品标志许可审查工作始终坚持风险可控原则。一方面，通过贯彻落实NY/T 391《绿色食品　产地环境质量》、NY/T 1054《绿色食品　产地环境调查、监测与评价规范》，在对生产基地空气、土壤、水等环境影响因素进行持续监测的基础上，严格按照绿色食品产地环境质量评价工作程序对绿色食品产地环境进行科学评估，从源头上保证绿色食品生产基地具备优良生态环境。另一方面，着力防范管理松散、质量不高、潜力不大的组织生产模式和高风险行业产品可能带来的不安全、不稳定风险，建立起有效防范质量安全风险的"防护网"和"过滤器"，把好绿色食品质量关口。

4. 推行信息化管理机制

绿色食品信息化是推进绿色食品发展、加快实现绿色食品现代化的有力手段。现阶段，绿色食品依托农业农村部"金农工程"项目平台，将现代信息技术与先进管理理念相融合，开发并应用"绿色食品网上审核与管理系统"，该系统采用以业务流程为主线的管理方式，通过这条主线衔接各级绿色食品工作机构，支撑和辅助受理、审核、审批、颁证、监管等多种业务的开展，并达到规范化、标准化的要求。推行绿色食品信息化管理机制，进一步提高绿色食品标志许可审查效率和管理水平，实现了绿色食品标志许可审查工作"纸质化"与"电子化"有机衔接。

5. 健全检查员绩效考核体系

稳定、高素质的检查员队伍是绿色食品工作最有力的保障。但是，检查员来自各行各业，专业性不强，检查员队伍存在审查能力不足、管理不够规范的问题，制约了绿色食品标志许可审查工作的深入开展。建立并完善检查员绩效考核体系，通过把检查员参与材料审查和现场检查的数量以及审查的准确性、时效性纳入检查员绩效考指标体系进行考核，建立激励机制，充分调动检查员工作积极性、主动性，强化检查员责任意识，有效提升了绿色食品标志许可质量和效率。

六、绿色食品发展的重要意义和"十四五"目标任务

20世纪90年代初期，我国农业发展水平较低，解决10多亿人的吃饭问题是头等大事。但是在那时，绿色食品事业的开拓者提出了发展安全、优质、无污染的食品，这就是绿色食品最初的概念。绿色象征着生命、健康和活力，也象征着环境保护和农业。"出自优良生态环境，带来强劲生命活力"是绿色食品健康和活力的充分体现。绿色食品是人类注重保护生态环境的产物，是社会进步和经济发展的产物，也是人们生活水平提高和消费观念改变的产物。开发绿色食品是一项非常超前、开创性的工作，也是和我国农村改革发展相伴随的一项有意义的工作。

1992年，农业部组建绿色食品办公室，成立中国绿色食品发展中心，负责绿色食品开发与管理。1993年，农业部颁布《绿色食品标志管理办法》。1995年，绿色食品标志作为我国第一例质量证明商标在国家工商总局注册。此后，绿色食品相关技术标准、工作程序和管理制度相继建立，标志许可、质量管理、基地创建、品牌推广等工作陆续开展，绿色食品产业化格局逐步形成。2005年，启动了绿色食品原料标准化生产基地创建工作。2012年，对《绿色食品标志管理办法》进行了修订，进一步明晰了管理体制，明确了绿色食品事业的公益性质，强化了制度化规范化要求，进一步巩固绿色食品事业的法制基础，对保障绿色食品信誉、促进绿色食品事业健康发展具有重要意义。

　　绿色食品的发展离不开党和国家的高度重视，习近平总书记关心绿色食品工作，早在2000年福建工作时就批示："绿色食品是21世纪的食品，很有市场前景，且已引起各级政府和主管部门的关注，今后要在生产、研发、规模、市场开拓方面加强。"2004年以来，中央一号文件多次提出要支持发展绿色食品。中共中央、国务院《关于加快推进生态文明建设的意见》对发展绿色产业作出总体部署。党的十八届五中全会提出五大发展理念，进一步强调了绿色发展的思想。党的十九大提出了新发展理念，其中有一个关键词就是"绿色发展"。

　　绿色食品在30余年前，就倡导走绿色发展之路，走可持续发展之路。既要发展绿色、优质、安全的农产品，还要保护生态环境，资源节约；既要满足数量要求，又要兼顾质量与安全；既要考虑当前的经济效益，也要考虑长远的社会效益和生态效益，为耕者谋利、为食者造福。

　　"十三五"时期是绿色食品全面加快发展、规模迅速扩大的五年，是全面强化标准化生产、产品质量稳定提高的五年，是全面发力品牌培育、品牌影响力明显提升的五年，是全面融入和服务"三农"大局、产业效应日益凸显的五年。截至2020年年底，全国共有绿色食品企业19 321家、产品42 739个，年均增长20%以上，产品覆盖了农产品及加工食品各个品类；全国绿色食品原料标准化生产基地创建单位516个，原料基地742个，涵盖水稻、玉米、大豆、小麦等百余品种地区优势农产品和特色产品，总面积超过1.7亿亩[①]，带动近2 247万个农户发展；绿色食品国内销售额达到5 075.65亿元，出口额为36.78亿美元；据专家测算，绿色食品生产平均每年减少使用化肥268万吨、农药9.4万吨，有效利用秸秆、畜禽粪便等

---

　　① 1亩 ≈ 667 米^2，15亩 =1公顷，全书同。

农业废弃物5 850多万吨，取得了显著的经济效益、生态效益和社会效益，在推动农业绿色发展、助力脱贫攻坚、实施乡村振兴、加快农业农村现代化中发挥了应有的重要作用。

2021年，是"十四五"开局之年，也是绿色食品再出发的起步之年。进入新发展阶段，实施"乡村振兴"战略是新时代农业农村工作的总抓手，推进农业农村经济高质量发展、加快实现农业农村现代化是主旋律，发展绿色食品符合国家"绿色发展、低碳发展、循环发展"的战略部署，符合"产出高效、产品安全、资源节约、环境友好"的现代农业发展方向，发展绿色食品已与推进品种培优、品质提升、品牌打造和标准化生产（新"三品一标"）工作紧密结合，绿色食品工作进入了重要的发展机遇期，前景广阔。绿色食品工作要以高质量发展为主题，以"稳发展优供给，强品牌增效益"为主线，坚持"守底线""拉高线"并举，保安全、提质量同步推，努力实现产品质量高、产业水平高、品牌价值高、综合效益高的发展目标。

下一步绿色绿色食品发展任务主要有以下六个方面。

一要稳发展。绿色食品是农产品中的精品，要坚持"质量第一"原则，稳步扩大总量规模，需要引导地方政府因地制宜科学设置绩效考核指标，加快产业结构调整，确保高质量发展。

二要保安全。确保安全是绿色食品发展的底线。要对标"四个最严"要求，压实责任、落实制度。建立全过程质量监管机制，严格许可审查、严格证后监管、严格依标生产，加强产品风险监测、监督抽查和巡查检查，加大对违法违规行为打击力度。

三要提品质。对标高品质生活新要求，突出优质营养、环保健康的高端品质，以提品质、增特色为主攻方向，推动绿色农产品提档升级，不仅要占领属于绿色食品特定的消费市场，还要满足高端的消费者需求。

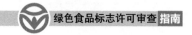

四要铸品牌。紧盯国际先进水平，着力打造一批信誉过硬、品质高端、市场认可的绿色优质农产品精品品牌，提升绿色食品品牌的美誉度、影响力和竞争力。

五要赋动能。以改革创新作为第一动力，围绕产业链加速创新要素聚集，全面提升科技创新能力，不断激发绿色高质量发展的动能和活力。

六要增效益。围绕服务"三农"大局，坚持经济、生态和社会效益相统一，营造全社会关注绿色生产、推动绿色消费的良好氛围。总而言之，新时代我国农业农村经济高质量发展需要绿色食品发挥更加重要的作用。

第二章

《绿色食品标志许可审查工作规范》修订情况

一、《绿色食品标志许可审查工作规范》历次版本情况

　　《绿色食品标志许可审查工作规范》是为实施绿色食品标志使用申请和审查所制定的制度文件。在绿色食品发展历程中，关于绿色食品申请和审查制度规范，共经历了两次较为系统的制（修）订。2003年，中国绿色食品发展中心发布《绿色食品认证制度汇编》和《绿色食品检查员工作手册（试行）》（〔2003〕中绿字第148号），形成比较完整的绿色食品认证检查制度。2014年12月26日，中国绿色食品发展中心制定发布了《绿色食品标志许可审查工作规范》，其目的是为适应2012年农业部修订颁布的《绿色食品标志管理办法》（农业部令2012年第6号）关于绿色食品标志许可申请和审查相关制度的调整。《绿色食品标志许可审查工作规范》的制定和实施为绿色食品工作系统的检查员制定了明确的审查标准和统一的审查制度，为规范绿色食品标志许可工作提供了基本依据，为推进审查工作制度化与规范化建设，保障绿色食品标志许可科学性、规范性和有效性，促进绿色食品持续健康发展发挥了重要作用。

随着《绿色食品标志许可审查工作规范》的施行和绿色食品事业快速发展，在新发展理念的引领下，绿色食品发展战略已逐步由总量扩张向总量增加和质量提升并重转变。作为绿色食品的第一道质量关口，无论是从外部环境，还是绿色食品自身发展的需要，都对绿色食品审查提出了更严、更高的要求，原《绿色食品标志许可审查工作规范》部分内容已经不能适应新形势下对绿色食品审查工作的需求。因此，有必要根据近年来绿色食品发展形势和审查工作实际，对《绿色食品标志许可审查工作规范》进行修订，为各级工作机构和检查员规范开展绿色食品标志许可审查工作提供指导，为助推绿色食品高质量发展提供制度保障。

中国绿色食品发展中心于2020年下半年启动了修订工作。历经近1年时间，经广泛收集资料、充分调研、多次讨论，起草完成了《绿色食品标志许可审查工作规范（征求意见稿）》，并向省级工作机构征求意见，在综合各方意见基础上，最终形成了《绿色食品标志许可审查工作规范》正式文本。

二、2022 版《绿色食品标志许可审查工作规范》修订遵循的原则

2022版《绿色食品标志许可审查工作规范》的修订遵循了合法性、协调性、系统性、可操作性和发展性五项基本原则。

一是合法性原则。审查工作要遵循《中华人民共和国食品安全法》《中华人民共和国农产品质量安全法》《中华人民共和国商标法》《绿色食品标志管理办法》等，不能违背国家相关法律法规，这是根本前提。

二是协调性原则。《绿色食品标志许可审查工作规范》要与现行国家食品安全标准、绿色食品标准相协调，不能与相关国家标准

和绿色食品标准有冲突。

三是系统性原则。《绿色食品标志许可审查工作规范》要从审查工作全局出发，覆盖审查工作各个环节，保证审查工作制度体系协调顺畅。

四是可操作性原则。《绿色食品标志许可审查工作规范》要立足绿色食品审查工作实际和绿色食品生产实际，针对绿色食品涉及相关行业的生产特点，对相关专业审查内容作出具体要求，增强操作性和指导性。

五是发展性原则。《绿色食品标志许可审查工作规范》要立足绿色食品高质量发展，对标国家乡村振兴战略要求和农业绿色发展要求，坚持全面从严审查，确保绿色食品发展质量；坚持创新发展，强化专业审查技术，推进信息化审查方式，提高审查工作效率和服务水平。

三、2022版《绿色食品标志许可审查工作规范》的主要变化

2022版《绿色食品标志许可审查工作规范》较2014版的主要变化如下。

一是调整了文本结构框架，对原有规范的结构和框架进行重新编排，对原有内容进行了整理、补充和完善，修订后分为总则、职责分工、申请条件与要求、审查内容与要点、综合审查意见及处理、附则六章，共计六十九条。

二是修改完善了标志许可审查的定义和工作原则。

三是明确了受理审查、初审、综合审查的审查职责和任务分工，根据中国绿色食品发展中心《关于进一步明确绿色食品地方工作机构许可审查职责的通知》（中绿审〔2018〕55号）内容，全面

落实工作机构和检查员分级审查责任，提高审查质量和效率。

四是进一步修改完善申请人和申请产品条件，细化了申请条件的具体审查要求，增强指导性和操作性。一方面，将近年来中国绿色食品发展中心发布的有关绿色食品申请条件的文件集中整合梳理，补充到《绿色食品标志许可审查工作规范》中，同步废止《关于改进绿色食品申报有关事项的通知》（中绿认99号）、《关于牛羊产品申报绿色食品相关要求的通知》（中绿认〔2013〕101号）、《关于改进绿色食品申报有关事项补充说明的通知》（中绿认〔2016〕135号）和《关于进一步严格绿色食品申请人条件审查的通知》（中绿审〔2018〕66号）。另一方面，结合工作实际，重点对申请人应有稳定的生产基地和原料来源的条件，以及涉及畜禽和水产品养殖周期的要求进行了修订。

五是进一步简化申请材料，强化申请材料的规范性要求。

六是分类制定了申请人材料、现场检查材料、环境和产品检验材料和工作机构材料的审查内容和要求，增补了关于总公司、分公司和子公司申请，以及证书变更和增报申请的有关审查要求，进一步明确了种植、畜禽和水产等产品调查表的审查要点。

七是进一步严格综合审查评判原则。完善了综合审查环节"不予颁证"意见的处理，严格蔬菜产品"不予颁证"情况的审查，强化了超时限补充材料和放弃申报情况的终止审查处理。

第三章

《绿色食品标志许可审查工作规范》主要条文解读

一、总　则

【条文】

> **第一条**　为规范绿色食品标志使用许可申请审查工作，保证审查工作的科学性、公正性和有效性，促进绿色食品事业高质量发展，根据国家相关法律法规、《绿色食品标志管理办法》、绿色食品标准及制度规定，制定本规范。

【解读】

第一条是对《绿色食品标志许可审查工作规范》（以下简称《审查规范》）制定目的和依据的说明。《审查规范》是绿色食品标志许可审查工作的基本依据和工作指南，本规范制定的依据包括《中华人民共和国食品安全法》《中华人民共和国农产品质量安全法》《中华人民共和国商标法》《食品生产许可管理办法》等国家法律法规和食品安全相关国家标准，以及《绿色食品标志管理办法》《绿色食品标志许可审查程序》和绿色食品标准等。

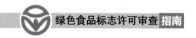

【条文】

> **第二条** 本规范所称审查,是指经中国绿色食品发展中心(以下简称"中心")及农业农村行政主管部门所属绿色食品工作机构(以下简称"工作机构")组织绿色食品检查员(以下简称"检查员"),依据绿色食品标准和相关规定,对申请人申请使用绿色食品标志的相关材料(以下简称"申请材料")实施符合性评价的特定活动。

【解读】

第二条对规范中的"审查"作出了定义,规定了实施审查工作的主体、审查对象和审查依据。实施审查工作的主体应是经过中国绿色食品发展中心培训并注册的绿色食品检查员,审查对象是申请人申请使用绿色食品标志的相关审查材料,工作依据是绿色食品标准和审查相关规定。

二、职责分工

【条文】

> **第五条** 受理审查,是指省级工作机构或受其委托的地市县级工作机构审查本行政区域内申请人提交的相关材料,并形成受理审查意见。国家级龙头企业可由中心直接受理审查,省级龙头企业可由省级工作机构受理审查。

【解读】

受理审查是绿色食品审查业务流程中的首个环节。第五条对承担受理审查的工作机构及其审查职责作了明确规定。对一般生产企业、合作社、家庭农场等申请人,受理审查的工作机构应是申请人所在行政区域内的省级绿色食品工作机构，或是受其委托的地市级、县级工作机构。省级工作机构应做好对授权委托开展受理审查的工作机构的条件评估和监督管理，并将相关情况备案中国绿色食品发展中心。为推进绿色食品高质量发展，优化绿色食品产业结构，根据《关于进一步完善绿色食品审查要求的通知》（中绿审〔2021〕34号），自2021年5月1日起，国家级龙头企业可以由中国绿色食品发展中心直接受理审查，省级龙头企业可以由省级工作机构受理审查。

受理审查内容：初步预判申请人和申请产品是否符合规定条件；申请人提交的材料是否齐全、形式是否规范。应重点对申请人资质条件，申请产品条件，申报材料的齐备性、真实性、合理性，以及续展申请的及时性进行审查。齐备性重点审查申请人是否按照申请材料清单提交申请材料；真实性重点审查营业执照、商标注册证、食品生产许可证、相关合同等资质证明材料是否真实准确；合理性重点审查质量管理规范的有效性和生产技术规程是否可行有效。

承担受理审查的工作机构检查员应自收到申请人材料之日起10个工作日内，完成受理审查，形成受理审查意见，经负责人签字，加盖机构公章后，出具《绿色食品申请受理通知书》，该通知书省级工作机构、地市县工作机构和申请人各执一份。

受理审查的结论可分为以下三种情形：一是材料审查合格，正式受理本次申请，并根据生产季节安排现场检查；二是材料不完备，告知申请人需要补充的材料清单，申请人应在规定时间内补充完备；三是申请材料存在申请人或申请产品不符合规定要求，使用绿色食品违禁品等严重问题，审查不合格，本生产周期内不再受理该申请人提交的申请。

【示例】

图3-1为《绿色食品受理审查报告》示例，图3-2为《绿色食品申请受理通知书》示例。本书中对涉及申请人隐私的图文做了虚化。

CGFDC-JG-02/2019

绿色食品
受理审查报告

初次申请☑ 续展申请□ 增报申请□

中国绿色食品发展中心

CGFDC-JG-05/2019

受理审查意见

序号	项目	审查要求	符合性	备注
1	申报材料	按照申报材料清单顺序装订、齐全	是	
2	申请人和申请产品	为在国家工商行政管理部门登记取得营业执照的企业法人、农民专业公司、个人独资企业、合伙企业、家庭农场等，国有农场、国有林场和兵团团场等生产单位	是	
		具有稳定的生产基地	是	
		具有完善的质量管理体系，并至少稳定运行一年	是	
		申请规模、委托加工符合中心相关要求	是	
		申请产品在现行《绿色食品产品标准适用目录》内	是	
		按期续展（适用于续展申请人）	不涉及	
		已履行《绿色食品标志商标使用许可合同》的责任和义务（适用于续展申请人）	不涉及	
		年检合格（适用于续展申请人）	不涉及	
3	申请书和调查表	填写完整、规范且有签字盖章，无违禁投入品（《绿色食品 农药使用准则》、《绿色食品 肥料使用准则》、《绿色食品 食品添加剂使用准则》、《绿色食品 饲料及饲料添加剂使用准则》、《绿色食品 兽药使用准则》、《绿色食品 渔药使用准则》等绿色食品生产技术标准）	是	
4	资质材料	营业执照（国家企业信用信息公示系统）	是	
		食品生产许可证（国家市场监督管理总局）	是	
		商标注册证（国家市场监督管理总局）	是	
		动物防疫合格证 定点屠宰许可证（畜禽产品） 采水许可证 采矿许可证 食盐定点生产许可证	是	

CGFDC-JG-05/2019

5	质量控制规范	质量管理制度规范健全	是	
		有质量管理体系证书	是	
		组织管理结构合理	是	
		内检员持证上岗（注册证明）	是	
6	协议材料	土地协议、委托生产协议、票据等齐全且符合要求	是	
		基地清单、基地图等材料齐全且符合要求	是	
7	生产技术规程	符合绿色食品相关标准要求	是	
		具有可操作性且能指导实际生产	是	
		无绿色食品违禁投入品	是	
8	生产记录	生产、加工记录健全且符合相关标准要求，无绿色食品违禁投入品（适用于续展申请人）	不涉及	
9	标志使用	规范使用绿色食品标志（适用于续展申请人）	不涉及	
	检查员意见	☑经审查，申请人、申报产品均符合规定要求，申报材料中未见违禁使用，申报材料齐备、真实、合理，建议受理。 □经审查，申请人、申报产品存在以下问题，建议不予受理。 　□申请人不符合规定要求 　□申报产品不符合规定要求 　□使用绿色食品违禁品 　□其他（请具体说明） □经审查，申报材料中发现以下问题，需补充材料。 签字：王祥 日期：2020.3/6		

注：1. 符合的填写"是"，不符合的填写"否"；
2. 该报告省级工作机构、地市县级工作机构各一份。

图3-1　绿色食品受理审查报告

CGFDC-JG-02/2019

绿色食品申请受理通知书

████████████有限公司：

你单位 <u>2020</u> 年 <u>7</u> 月 <u>2</u> 日提交的绿色食品标志使用申请材料已收
到，现通知如下：

☑材料审查合格，现正式受理你单位提交的申请。我单位将根据生
产季节安排现场检查，具体检查时间和检查内容见《绿色食品现场检查
通知书》。

□材料不完备，请你单位在收到本通知书___个工作日内，补充以下
材料：

材料补充完备后，我单位将正式受理你单位提交的申请。

□材料审查不合格，本生产周期内不再受理你单位提交的申请。
原因：

联系人：██████   联系电话：██████

工作机构（盖章）

2020 年 ██ 月 4 日

注：该通知书省级工作机构、地市县级工作机构和申请人各一份。

图 3-2　绿色食品申请受理通知书

【条文】

> **第六条**　初审，是指省级工作机构对本行政区域内受理审
> 查意见及相关申请人材料复核，同时审查现场检查、产地环境
> 和产品检验等材料，并形成初审意见。

【解读】

第六条对承担初审的工作机构及其审查职责作了明确规定。省
级工作机构负责对本行政区域内受理审查的申请人材料进行复核，

对《绿色食品受理审查报告》、现场检查、产地环境质量和产品质量等材料进行审查，形成初审意见。

初审内容：各级工作机构《绿色食品受理审查报告》；申请人材料；检查员现场检查材料；检测机构出具的产地环境监测报告，产品抽样单及产品检测报告等。

省级工作机构应当自收到《绿色食品现场检查报告》《环境质量监测报告》和《产品检验报告》之日起20个工作日内完成初审。初审合格的，将相关材料报送中国绿色食品发展中心，同时完成网上报送；不合格的，通知申请人本生产周期不再受理其申请，并告知理由。

【示例】

图3-3为《绿色食品省级工作机构初审报告》示例。

图 3-3　绿色食品省级工作机构初审报告

CGFDC-JG-05/2019

表二 初审意见

序号	项目	审查内容	符合性	备注
1	受理	满足受理要求	是	
2	申报材料	完整齐备	是	
		真实准确	是	
3	预包装食品标签	产品是否有预包装食品标签	否	
		预包装食品标签设计样张符合 NY/T658 要求	/	
		绿色食品标志设计（或使用情况）符合相关规范要求	/	
4	现场检查	检查员资质符合要求	是	
		在产品生产季节	是	
		检查员按时提交检查报告	是	
		检查报告填写完整、规范，现场检查评价客观公正、符合真实情况	是	
		现场检查照片清晰、环节齐全	是	
		会议签到表信息齐全	是	
		食品添加剂使用符合《绿色食品 食品添加剂使用准则》（NY/T392）要求	是	
		农药使用符合《绿色食品农药使用准则》（NY/T393）要求	是	
		肥料使用符合《绿色食品 肥料使用准则》（NY/T394）要求	是	
		畜禽饲料及饲料添加剂符合《绿色食品饲料及饲料添加剂使用准则》（NY/T471）要求	是	
		兽药符合《绿色食品 兽药使用准则》（NY/T472）要求	是	
		渔药符合《绿色食品 渔药使用准则》（NY/T755）要求	/	
		渔业饲料及饲料添加剂符合《绿色食品饲料及饲料添加剂使用准则》（NY/T 471）要求	/	

CGFDC-JG-05/2019

5	环境质量	环境监测时限符合《绿色食品标志许可审查程序》要求	是	
		环境调查和环境质量符合《绿色食品 产地环境质量》（NY/T 391）和《绿色食品 产地环境调查、检测与评价规范》（NY/T 1054）相关要求	是	
6	产品质量	产品检测时限符合《绿色食品标志许可审查程序》要求	是	
		产品抽样符合《绿色食品 产品抽样准则》（NY/T896）相关要求	是	
		产品检验及产品质量符合相关准则要求	是	
7	上一周期标志与原料使用	是否使用绿色食品标志，标志使用是否规范	/	
		绿色食品原料使用是否满足实际生产需要	/	
	检查员意见	永寿县旦凤生态种养专业合作社生产的鑫五凤+图形牌鸡蛋，其产地环境、种植过程、产品质量符合绿色食品相关标准要求，申请材料完整有效。 检查员（签字）王珏 2020 年 8 月 20 日		
	省级工作机构初审意见	初审合格，同意上报 负责人（签字） 省级工作机构（盖章）2021 年 3 月 16 日		

注：本表符合项填写"是"，不符合项填写"否"，不原无项填写"/"，中心、省级工作机构各一份。

图3-3（续）

【条文】

第七条 综合审查，是指中心审查省级工作机构初审意见及其提交的完整申请材料，并形成综合审查意见。省级工作机构负责本行政区域内续展申请材料的综合审查，初审和综合审查可合并完成。中心负责省级工作机构续展意见及相关材料的备案和抽查。

【解读】

第七条对承担综合审查的工作机构及其审查职责作了明确规定。

初次申请：中国绿色食品发展中心负责对省级工作机构初审意见及其提交的完整材料进行综合审查，出具综合审查意见。中国绿色食品发展中心应当自收到省级工作机构报送的完备申请材料之日起30个工作日内完成综合审查，提出审查意见，并通过省级工作机构向申请人发出《绿色食品审查意见通知书》。

续展申请：省级工作机构负责对本行政区域内续展申请材料的综合审查，按《省级绿色食品工作机构续展审查工作实施办法》执行，初审和综合审查可合并完成。为推进续展审核工作改革，根据《省级绿色食品工作机构续展审查工作实施办法》（中绿认〔2015〕21号）和《中国绿色食品发展中心关于进一步推进续展工作改革的通知》（中绿认〔2017〕3号），省级工作机构应在绿色食品证书有效期满25个工作日前完成综合审查，并将相关材料上报中国绿色食品发展中心备案，超过时限的，将关闭网上报送权限。中国绿色食品发展中心对续展备案材料按10%比例实施抽查，被抽查到的续展申请将由中国绿色食品发展中心审查人员进行综合审查复核，对存在资质文件过期或缺失、违规使用投入品、产品检测指标超标等情况的，一律不予续展。

三、申请条件与要求

【条文】

第十一条 申请人应满足下列资质条件和要求：

（一）能够独立承担民事责任。应为国家市场监督管理部门登记注册取得营业执照的企业法人、农民专业合作社、个人独资企业、合伙企业、家庭农场等，国有农场、国有林场和兵团团场等生产单位。

（二）具有稳定的生产基地或稳定的原料来源。

1. 稳定的生产基地应为申请人可自行组织生产和管理的基地，包括：

（1）自有基地；

（2）基地入股型合作社；

（3）流转土地统一经营。

2. 稳定的原料来源应为申请人能够管理和控制符合绿色食品要求的原料，包括：

（1）按照绿色食品标准组织生产和管理获得的原料。申请人应与生产基地所有人签订有效期三年（含）以上的绿色食品委托生产合同（协议）。

（2）全国绿色食品原料标准化生产基地的原料。申请人应与全国绿色食品原料标准化生产基地范围内生产经营主体签订有效期三年（含）以上的原料供应合同（协议）。

（3）购买已获得绿色食品标志使用证书（以下简称"绿色食品证书"）的绿色食品产品（以下简称"已获证产品"）或其副产品。

（三）具有一定的生产规模。具体要求为：

1. 种植业

（1）粮油作物产地面积500亩（含）以上；

（2）露地蔬菜（水果）产地面积200亩（含）以上；设施蔬菜（水果）产地面积100亩（含）以上；

全国绿色食品原料标准化生产基地、地理标志农产品产地、省级绿色优质农产品基地内集群化发展的蔬菜（水果）申请人，露地蔬菜（水果）产地面积100亩（含）以上；设施蔬菜（水果）产地面积50亩（含）以上；

（3）茶叶产地面积100亩（含）以上；

（4）土壤栽培食用菌产地面积50亩（含）以上；基质栽培食用菌50万袋（含）以上。

2. 养殖业

（1）肉牛年出栏量或奶牛年存栏量500头（含）以上；

（2）肉羊年出栏量2 000头（含）以上；

（3）生猪年出栏量2 000头（含）以上；

（4）肉禽年出栏量或蛋禽年存栏量10 000只（含）以上；

（5）鱼、虾等水产品湖泊、水库养殖面积500亩（含）以上；养殖池塘（含稻田养殖、荷塘养殖等）面积200亩（含）以上。

（四）具有绿色食品生产的环境条件和生产技术。

（五）具有完善的质量管理体系，并至少稳定运行一年。

（六）具有与生产规模相适应的生产技术人员和质量控制人员。

（七）具有绿色食品企业内部检查员（以下简称"绿色食品内检员"）。

（八）申请前三年无质量安全事故和不良诚信记录。

（九）与工作机构或绿色食品定点检测机构不存在利益关系。

（十）在国家农产品质量安全追溯管理信息平台（以下简称"国家追溯平台"）完成注册。

（十一）具有符合国家规定的各类资质要求。包括：

1. 从事食品生产活动的申请人，应依法取得食品生产许可；

2. 涉及畜禽养殖、屠宰加工的申请人，应依法取得动物防疫条件合格证。猪肉产品申请人应具有生猪定点屠宰许可证，或委托具有生猪定点屠宰许可证的定点屠宰厂（场）生产并签订委托生产合同（协议）；

3. 其他资质要求。如取水许可证、采矿许可证、食盐定点生产企业证书、定点屠宰许可证等。

（十二）续展申请人还应满足下列条件：

1. 按期提出续展申请；

2. 已履行《绿色食品标志商标使用许可合同》的责任和义务；

3. 绿色食品证书有效期内年度检查合格。

【解读】

第十一条款对申请使用绿色食品标志的生产单位（申请人）的资质条件和要求作出了规定，具体包括主体资质、生产基地、生产规模、质量管理体系和人员条件等12条要求。

1. 关于"具有稳定的生产基地"

具有稳定的生产基地是指申请人可以自行组织生产和管理的基地，主要包含以下3种。

（1）自有基地。具体是指所有权归申请人的基地。

（2）基地入股型合作社。具体是指农户土地以入股形式流转给合作社，农户自身参与种植、养殖过程，由合作社解决销售问题，年底进行分红。

（3）流转土地统一经营。具体是指已经确权的土地，由申请人将已经确权的土地统一流转，统一经营，进行规模化、集约化种植。

2. 关于"具有稳定的原料来源"

具有稳定的原料来源是指申请人能够管理和控制符合绿色食品要求的原料，主要包含以下3种情况。

（1）按照绿色食品标准组织生产和管理获得的原料。申请人应与生产基地所有人签订有效期3年（含）以上的绿色食品委托生产合同（协议）。

（2）全国绿色食品原料标准化生产基地的原料。申请人应与全国绿色食品原料标准化生产基地范围内的生产经营主体签订有效期3年（含）以上的原料供应合同（协议）。

（3）购买已获得绿色食品标志使用证书的绿色食品产品或其副产品。

3. 关于"具有一定的生产规模"

中绿审〔2018〕66号文件《关于进一步规范绿色食品申报企业条件审查的通知》规定：生产规模指同一申请人申报同一类别产品（如粮油作物种植、肉牛养殖等）的总体规模。申报规模应理解为申请人绿色食品生产的总体规模，不仅包括种植或养殖面积，生产道路、生产设施（含立体栽培）等占地面积均须计算在内（即土地注明或者合同约定的面积）。

（1）种植业：① 粮油作物产地规模500亩（含）以上；② 露地蔬菜（水果）产地规模200亩（含）以上；设施蔬菜（水果）产地规模100亩（含）以上；全国绿色食品原料标准化生产基地，地理标志农产品产地、省级绿色优质农产品基地内集群化发展的蔬菜（水果）申请人，露地蔬菜（水果）产地规模100亩（含）以上；设施蔬菜（水果）产地规模50亩（含）以上；③ 茶叶产地规模100亩（含）以上；④ 土栽食用菌产地规模50亩（含）以上；基质栽培食用菌产地规模50万（袋）（含）以上。

同一申请人基地内如有多个产品类别同时申请，生产规模须达到产品类别最大规模要求，如蔬菜、水果、粮油等总体生产规模满足500亩（含）以上即可同时申请，单个产品或品种的生产规模不作具体要求。

复种作物面积不算在生产规模内，如申请人基地面积50亩，一年内番茄和辣椒轮作，总基地面积只能按50亩计，未能达到最低生产规模，不符合申请要求。

设施水果、坚果参照执行设施蔬菜最小申请规模，满足100亩（含）以上的要求。坚果类产品最小申请规模应根据作物类别执行，如核桃、板栗按照水果执行，葵花籽按照粮油作物执行；西瓜籽、南瓜籽参照蔬菜（水果）执行。

（2）养殖业：① 肉牛年出栏量或奶牛年存栏量500头（含）以上；② 肉羊年出栏量2 000头（含）以上；③ 生猪年出栏量2 000头（含）以上；④ 肉禽年出栏量或蛋禽年存栏量10 000只（含）以上；⑤ 鱼、虾等水产品湖泊水库养殖面积500亩（含）以上，养殖池塘（含稻田养殖、荷塘养殖等）面积200亩（含）以上。

未规定的申请品种参照相应的养殖业品类执行。例如，申请人申报鹌鹑蛋，参照蛋禽规模要求；申请人申报海参，参照鱼虾等水产品规模要求。

4. 关于"申请前三年无质量安全事故和不良诚信记录"

具体包括申请人质量安全、生产经营、信用信息等情况。核查申请人是否被列入经营异常名录、严重违法失信企业名单，可通过在国家企业信用信息公示系统（http://www.gsxt.gov.cn/index.html）查询，其查询页面如图3-4所示。

图3-4 国家企业信息公示系统查询页面

5. 关于"食品生产许可"的要求

从事食品生产活动的申请人，应依法取得食品生产许可。

对采取自然晾晒、自然风干等生产方式生产的产品，多数地方市场监督管理部门将其归为农产品不予办理食品生产许可，对于这些产品申请，应符合以下规定。

（1）花、叶类直接食用的代用茶类产品，包括枸杞，一律要求提供食品生产许可。

（2）食用菌、黄花菜等非直接食用的产品，如未使用烘干或其他干制设备，无须提供食品生产许可，但须经检查员现场核实后由市县级及以上绿色食品工作机构提供相关证明。

6. 关于续展申请人"绿色食品证书有效期内年度检查合格"

年度检查是指绿色食品工作机构对辖区内获得绿色食品标志使用权的企业在一个标志使用年度内的绿色食品生产经营活动、产品质量及标志使用行为实施的监督、检查、考核、评定等。省级工作机构负责组织实施年度检查，标志监管员具体执行。

年度检查的主要内容：通过现场检查企业的产品质量及其控制体系状况、规范使用绿色食品标志情况和按规定缴纳标志使用费情况等。

（1）产品质量控制体系状况，主要检查以下方面：① 绿色食品种植、养殖地和原料产地的环境质量、基地范围、生产组织结构等情况；② 企业内部绿色食品检查管理制度的建立及落实情况；③ 绿色食品原料购销合同（协议）履行情况、发票和出入库记录等使用记录；④ 绿色食品原料和生产资料等投入品的采购、使用、保管制度及其执行情况；⑤ 种植、养殖及加工的生产操作规程和绿色食品标准执行情况；⑥ 绿色食品与非绿色食品的防混控制措施及落实情况。

（2）规范使用绿色食品标志情况，主要检查以下方面：① 应按照证书核准的产品名称、商标名称、获证单位及其信息码、核准产量、产品编号和标志许可期限等使用绿色食品标志；② 产品包装应符合国家有关食品包装标签标准和《绿色食品标志商标设计使用规范》要求。

（3）企业缴纳标志使用费情况，主要检查是否按照《绿色食品标志商标使用许可合同》的约定按时足额缴纳标志使用费。

年度检查通过后，由省级工作机构在绿色食品证书上加盖年检章，作为年检合格的标志（图3-5）。

图 3-5　年检合格的绿色食品证书

【条文】

> **第十二条** 申请产品应满足下列条件和要求：
>
> （一）应符合《中华人民共和国食品安全法》和《中华人民共和国农产品质量安全法》等法律法规规定，在国家知识产权局商标局核定的绿色食品标志使用商品类别涵盖范围内。
>
> （二）应为现行《绿色食品产品适用标准目录》内的产品，如产品本身或产品配料成分属于新食品原料、按照传统既是食品又是中药材的物质、可用于保健食品的物品名单中的产品，需同时符合国家相关规定。
>
> （三）预包装产品应使用注册商标（含授权使用商标）。
>
> （四）产品或产品原料产地环境应符合绿色食品产地环境质量标准。
>
> （五）产品质量应符合绿色食品产品质量标准。
>
> （六）生产中投入品使用应符合绿色食品投入品使用准则。
>
> （七）包装储运应符合绿色食品包装储运准则。

【解读】

第十二条规定了申请使用绿色食品标志的产品应满足的条件和要求，具体包括产品类别、产品质量、商标等7条要求。

1. 关于"在国家知识产权局商标局核定的绿色食品标志使用商品类别涵盖范围内"

1991年，绿色食品标志经国家工商总局核准注册，1996年又成功注册成为我国首例质量证明商标，受《中华人民共和国商标法》的保护。《中华人民共和国商标法》明确规定，经国家商标管理机构核准注册的商标为注册商标，包括商品商标、服务商标、集体商标、证明商标；商标注册人享有商标专用权，受法律保护。中国绿色食品发展中心是绿色食品证明商标的注册人。根据《绿色食品标志管理办法》，中国绿色食品发展中心负责全国绿色食品标志使用申请的审查、颁证和颁证后跟踪检查工作。

证明商标是指由对某种商品或者服务具有监督能力的组织所控制，而由该组织以外的单位或者个人使用于其商品或者服务，用以证明该商品或者服务的原产地、原料、制造方法、质量或者其他特定品质的标志。

目前，中国绿色食品发展中心在国家商标管理机构注册的绿色食品图形、中英文文字及其组合共计有10种形式，详见第一章图1-2，包括标准字体、字形和图形用标准色都不能随意修改。

2. 关于"《绿色食品产品适用标准目录》"

绿色食品标志许可实行目录认证，《绿色食品产品适用标准目录》中列出目前绿色食品有检测依据的所有产品类别，2021版目录共收录128种现行有效产品标准，这些标准均为农业行业标准，在这些标准外的产品，不能作为申请产品。点击中国绿色食品发展中心网站（http://www.greenfood.agri.cn/tzgg/202110/t20211011_7765887.htm）可下载具体目录。

《绿色食品产品适用标准目录》或产品标准中有"其他""等"表述字样，但没有明确列出产品或类别名称的产品，不可参照执行该项产品标准。《绿色食品产品适用标准目录》实施动态管理，如申请产品属于《绿色食品产品适用标准目录》涵盖类别，但没有明确列出，可向中国绿色食品发展中心提交相关证明材料及申请，经确认后可增列至《绿色食品产品适用标准目录》中。

3. 关于"产品本身或产品配料成分属于新食品原料、按照传统既是食品又是中药材的物质、可用于保健食品的物品名单中的产品，需同时符合国家相关规定"

（1）应为现行《绿色食品产品适用标准目录》范围内产品。

（2）已获国家卫健委①批复为新食品原料物质。国家卫生计生委将卫生部②依据《中华人民共和国食品卫生法》制定的《新资源食品管理办法》修订为《新食品原料安全性审查管理办法》（2013年国家卫生计生委主任第1号令）并于2013年10月1日正式实施。《新食品原料安全性审查管理办法》规定，新食品原料是指在我国无传统食用习惯的以下物品：动物、植物和微生物；从动物、植物和微生物中分离的成分；原有结构发生改变的食品成分；其他新研制的食品原料。属于上述情形之一的物品，如需开发用于普通食品的生产经营，应当按照《新食品原料安全性审查管理办法》的规定申报批准。已经公告的新食品原料查询网页见图3-6。

图3-6　已经公告的新食品原料查询网页

（3）按照传统既是食品又是中药材的物质。2021年国家卫健委发布《关于印发〈按照传统既是食品又是中药材的物质目录管理

---

① 中华人民共和国国家卫生健康委员会，全书简称国家卫健委。
② 中华人民共和国卫生部，全书简称卫生部。2013年国务院机构改革，将卫生部等机构职能整合，组建国家卫生和计划生育委员会，简称国家卫生计生委。2018年国务院机构改革，将国家卫生计生委职责整合，组建国家卫健委。

规定〉的通知》（国卫食品发〔2021〕36号）指出，国家卫健委同国家市场监管总局制定、公布按照传统既是食品又是中药材的物质目录，对目录实施动态管理。

（4）可用于保健食品的物品名单。为进一步规范保健食品原料管理，根据《中华人民共和国食品卫生法》，卫生部在《关于进一步规范保健食品原料管理的通知》（卫法监发〔2002〕51号）中规定了《可用于保健食品的物品名单》。

4.关于"预包装产品应使用注册商标（含授权使用商标）"的要求

凡是提供包装标签的产品（含生鲜农产品），需执行注册商标（含授权使用商标）的审查要求。

【条文】

第十三条　其他要求

（一）委托生产应符合下列要求。

1.实行委托加工的种植业、养殖业申请人，被委托方应获得相应产品或同类产品的绿色食品证书（委托屠宰除外）。

2.实行委托种植的加工业申请人，应与生产基地所有人签订有效期三年（含）以上的绿色食品委托种植合同（协议）。

3.实行委托养殖的屠宰、加工业申请人，应与养殖场所有人签订有效期三年（含）以上的绿色食品委托养殖合同（协议），被委托方应满足下列要求：

（1）使用申请人提供或指定的符合绿色食品相关标准要求的饲料，不可使用其他来源的饲料；

（2）养殖模式为"合作社"或"合作社+农户"的，合作社应为地市级（含）以上合作社示范社；

（3）如购买全混合日粮、配合饲料、浓缩饲料、精料补充料等，应为绿色食品生产资料。

4. 直接购买全国绿色食品原料标准化生产基地原料或已获证产品及其副产品的申请人，如实行委托加工或分包装，被委托方应为绿色食品生产企业。

（二）对申请产品为蔬菜或水果的，基地内全部产品都应申请绿色食品。

（三）加工产品配料应符合食品级要求。配料中至少90%（含）以上原料应为第十一条（二）中所述来源。配料中比例在2%～10%的原料应有稳定来源，并有省级（含）以上检测机构出具的符合绿色食品标准要求的产品检验报告，检验应依据《绿色食品标准适用目录》执行，如原料未列入，应按照国家标准、行业标准和地方标准的顺序依次选用；比例在2%以下的原料，应提供购买合同（协议）及购销凭证。购买的同一种原料不应同时来源于已获证产品和未获证产品。

（四）畜禽产品应在以下规定的养殖周期内采用绿色食品标准要求的养殖方式：

1. 乳用牛断乳后（含后备母牛）；

2. 肉用牛羊断乳后；

3. 肉禽全养殖周期；

4. 蛋禽全养殖周期；

5. 生猪断乳后。

（五）水产品应在以下规定的养殖周期内采用绿色食品标准要求的养殖方式：

1. 自繁自育苗种的，全养殖周期；

2.外购苗种的，至少2/3养殖周期内应采用绿色食品标准要求的养殖方式。

（六）对于标注酒龄的黄酒，还应符合下列要求：

1.产品名称相同，标注酒龄不同的，应按酒龄分别申请；

2.标注酒龄相同，产品名称不同的，应按产品名称分别申请；

3.标注酒龄基酒的比例不得低于70%，且该基酒应为绿色食品。

（七）其他涉及的情况应遵守国家相关法律法规，符合强制性标准、产业发展政策要求及中心相关规定。

【解读】

第十三条款对申请使用绿色食品标志的特殊情况做出了补充规定，具体包括委托生产、加工产品原料、畜禽及水产品养殖周期等7条具体要求。

1.关于"申请产品为蔬菜或水果的，基地内全部产品都应申请绿色食品"

同一申请人只要是涉及生产蔬菜或水果，基地内就不应存在平行生产情况，全部产品（包括轮作）都应当申请。如玉米和蔬菜轮作，玉米也需要申请。

初次申请时，同一生产季节的产品原则上应在当季一次性申请。如存在轮作情况，当季产品可正常申请，其轮作产品应在其最近一个轮作周期内（不超过一年）完成补充检查和增报。

2.关于"配料中至少90%（含）以上原料应为第十一条（二）中所述来源"

是指符合绿色食品要求的原料比例应不少于90%。绿色食品坚持全程质量控制理念，对于加工产品从原料端即严格把控绿色来源，申报绿色食品加工产品，其加工过程所投入的原料中符合绿色食品要求的原料比例应不少于90%。具体要求如下。

（1）加工产品配料中，至少有90%的原料应为绿色食品来源。这90%的原料可以是已经获得证书的绿色食品及其副产品；也可以是按照绿色食品标准进行生产管理，符合绿色食品产地环境要求的自种、自养产品；也可以是来源于绿色食品原料准化基地的产品；或者是绿色食品生产资料。

（2）其他原料比例在2%~10%的，应有固定来源和省级（含）以上检测机构出具的产品检验报告。产品检验应依据《绿色食品产品适用标准目录》执行，如产品不在标准目录范围，应按照国家标准、行业标准和地方标准依次选用。

（3）原料比例小于2%且年用量1吨（含）以上的，应提供原料订购合同和购买凭证；原料比例小于2%且年用量1吨以下的，应提供原料购买凭证。

（4）若加工产品原料中使用食盐且比例小于5%的，应提供合同、协议或发票等购买凭证；比例大于或等于5%的，还应提供具有法定资质检测机构出具的符合《绿色食品　食用盐》（NY/T 1040）要求的产品检验报告。

3.关于"畜禽产品养殖周期"的规定

条文规定的养殖阶段均应采取符合绿色食品标准要求的方式进行养殖，包括饲料使用、饲养管理、疫病防治、卫生状况、无害化处理等，均需满足《绿色食品　饲料及饲料添加剂使用准则》（NY/T 471）、《绿色食品　兽药使用准则》（NY/T 472）和《绿色食品　畜禽卫生防疫准则》（NY/T 473）的要求。不作为商品畜禽使用的种用畜禽可按照常规饲养方式养殖。

例如，某申请人申请产品为鲜牛奶，奶牛为自行组织养殖，按照"乳用牛断乳后（含后备母牛）应采用绿色食品标准要求的养殖方式"要求，奶牛断乳后的犊牛期、育成期、青年期、干奶期、泌乳期均应采取符合绿色食品标准要求的方式进行养殖。

4. 关于"水产品养殖周期"的规定

条文规定的养殖阶段均应采取符合绿色食品标准要求的方式进行养殖，包括苗种情况、饲料使用、肥料使用、疾病防治、水质改良等，均须满足《绿色食品　饲料及饲料添加剂使用准则》（NY/T 471）、《绿色食品　渔药使用准则》（NY/T 755）、《绿色食品肥料使用准则》（NY/T 394）的要求。

自繁自育苗种的水产品，全养殖周期均应采用绿色食品标准要求的养殖方式；外购苗种的水产品，至少2/3养殖周期内应采用绿色食品标准要求的养殖方式。

例如，大闸蟹第一年4月产卵，5月为大眼幼体，某申请人10月从大闸蟹育种场购买扣蟹，放置育种池内养殖，第二年3月转至养殖池内养殖，9月左右养到成品蟹，按照"外购苗种的水产品，至少2/3养殖周期内应采用绿色食品标准要求的养殖方式"要求，该申请人应在扣蟹至成品蟹养殖期间按照绿色食品标准要求进行养殖。

四、审查内容与要点

（一）申请人材料构成

【条文】

第十四条　申请材料由申请人材料、现场检查材料、环境和产品检验材料、工作机构材料四部分构成。

第十五条　申请人材料

（一）《绿色食品标志使用申请书》（以下简称"申请书"）及产品调查表。

（二）质量控制规范。

（三）生产操作规程。

（四）基地来源证明材料。

（五）原料来源证明材料。

（六）基地图。

（七）带有绿色食品标志的预包装标签设计样张。

（八）生产记录及绿色食品证书复印件（仅续展申请人提供）。

（九）中心要求提供的其他材料。

第十六条　现场检查材料

（一）《绿色食品现场检查通知书》（以下简称"现场检查通知书"）。

（二）《绿色食品现场检查报告》（以下简称"现场检查报告"）。

（三）《绿色食品现场检查会议签到表》（以下简称"会议签到表"）。

（四）《绿色食品现场检查发现问题汇总表》（以下简称"发现问题汇总表"）。

（五）绿色食品现场检查照片（以下简称"现场检查照片"）。

（六）《绿色食品现场检查意见通知书》（以下简称"现场检查意见通知书"）。

（七）现场检查取得的其他材料。

其中，（一）和（六）由工作机构和申请人留存。

第十七条　环境和产品检验材料

（一）《产地环境质量检验报告》。

（二）《产品检验报告》。

（三）绿色食品抽样单。

（四）中心要求提供的其他材料。

第十八条 工作机构材料

（一）《绿色食品申请受理通知书》（以下简称"受理通知书"）。

（二）《绿色食品受理审查报告》（以下简称"受理审查报告"）。

（三）《绿色食品省级工作机构初审报告》（以下简称"初审报告"）。

（四）中心要求提供的其他材料。

其中，（一）和（二）由工作机构和申请人留存。

第十九条 申请材料应齐全完整、统一规范，并按第十五条、第十六条、第十七条和第十八条的顺序编制成册。

【解读】

第十四条至第十九条规定了绿色食品申请材料组成部分及装订顺序。

报送中国绿色食品发展中心审查前，申请材料应严格按照第十五条至第十八条的顺序进行整理和装订，并编制目录，禁止使用拉杆夹等易散装订方式装订申请材料，申请材料中各部分材料之间建议使用中间页或分册。凡申请材料凌乱无序、无目录、未按要求装订的，中国绿色食品发展中心一律不予审查，并按照原渠道退回。其中《绿色食品现场检查通知书》《绿色食品现场检查意见通知书》《绿色食品申请受理通知书》及《绿色食品受理审查报告》无须提交中国绿色食品发展中心，但应由工作机构和申请人留存备案。

纸质版申请材料将由省级工作机构统一报送中国绿色食品发展中心，同时材料的电子信息将通过"金农工程一期应用系统"按照程序传递，目前信息系统暂未开放申请人端，申请人基础信息通常由受理工作机构根据纸质版申请材料录入，录入信息应与纸质版申请材料中信息一致。申请人及工作机构应注意存档纸质版申请材料，保证审查工作流程可追溯。

【示例】

1. 纸质版申请材料装订

纸质版中申请材料装订样式如图3-7所示。

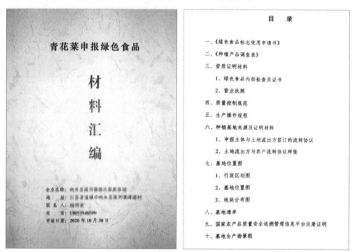

目　　录

一、《绿色食品标志使用申请书》
二、《种植产品调查表》
三、资质证明材料
　　1、绿色食品内部检查员证书
　　2、营业执照
四、质量控制规范
五、生产操作规程
六、种植基地来源及证明材料
　　1、申报主体与土地流出方签订的流转协议
　　2、土地流出方与农户流转协议样张
七、基地位置图
　　1、行政区划图
　　2、基地位置图
　　3、地块分布图
八、基地清单
九、国家农产品质量安全追溯管理信息平台注册证明
十、基地生产场景图

图3-7　纸质版申请材料装订样式

2. 留存材料

留存材料包括《绿色食品申请受理通知书》（图3-8）、《绿色食品现场检查意见通知书》（图3-9）、《绿色食品现场检查通知书》（图3-10）等。

CGFDC-JG-01/2019

绿色食品申请受理通知书

<u>　×××专业合作社　</u>：

你单位 <u>2021</u> 年 <u>10</u> 月 <u>10</u> 日提交的绿色食品标志使用申请材料已收到，现通知如下：

☑材料审查合格，现正式受理你单位提交的申请。我单位将根据生产季节安排现场检查，具体检查时间和检查内容见《绿色食品现场检查通知书》。

☐材料不完备，请你单位在收到本通知书___个工作日内，补充以下材料：

材料补充完备后，我单位将正式受理你单位提交的申请。

☐材料审查不合格，本生产周期内不再受理你单位提交的申请。

原因：

联系人：×××　　　　　联系电话：13012345678

工作机构（盖章）

2021 年 10 月 20 日

注：该通知书省级工作机构、地市县级工作机构和申请人各一份。

图3-8 《绿色食品申请受理通知书》样式

CGFDC-JG-04/2019

绿色食品现场检查意见通知书

<u>　×××专业合作社　</u>：

根据检查组的现场检查报告结论，现通知如下：

现场检查合格，请持本通知书委托绿色食品环境与产品检测机构实施检测工作。

1. 环境检测

检测项目：

☐全项免检或不涉及（标准化原料基地　续展企业环境无变化）

☐空气质量 ☐农田灌溉水 ☐渔业水 ☐畜禽养殖用水 ☐加工用水

☐食用盐原料水 ☑土壤环境质量 ☑土壤肥力 ☐食用菌栽培基质

2. 产品检测

☐请按照国家标准 ＿＿＿＿＿＿ 检测 ＿＿＿＿＿产品

☑请按照绿色食品标准<u>《绿色食品 温带水果》（NY/T 844）</u>检测 <u>桃</u> 产品

☐有符合要求的抽检报告（续展）免测 ＿＿＿＿＿产品

现场检查不合格，本生产周期内不再受理你单位的申请。

原因：

负责人（签字）：<u>×××</u>　　　　工作机构（盖章）

2021 年 12 月 21 日

注：该通知书省级工作机构、地市县级工作机构和申请人各一份。

图 3-9 《绿色食品现场检查意见通知书》样式

CGFDC-JG-03/2019

绿色食品现场检查通知书

__XXX 专业合作社__ ：

你单位提交的申请材料（初次申请□ 续展申请☑ 增报申请□ ）审查合格，按照《绿色食品标志管理办法》的相关规定，计划于 __2021__ 年__12__ 月__12__ 日至 __13__ 日对你单位的 __桃__ （产品）生产实施现场检查，现通知如下：

1. 检查目的

检查申请产品（或原料）产地环境、生产过程、投入品使用、包装、贮藏运输及质量管理体系等与绿色食品相关标准及规定的符合性。

2. 检查依据

《食品安全法》、《农产品质量安全法》、《绿色食品标志管理办法》等国家相关法律法规，《绿色食品标志许可审查程序》、《绿色食品现场检查工作规范》、绿色食品标准及绿色食品相关要求。

3. 检查内容

3.1 核实

☑ 质量管理体系和生产管理制度落实情况

☐ 绿色食品标志使用情况（适用于续展申请人）

☑ 种植、养殖、加工等过程及包装、贮藏运输等与申请材料的符合性

☑ 生产记录、投入品使用记录等

3.2 调查、检查和风险评估

☑ 产地环境质量，包括环境质量状况及周边污染源情况等

☑ 种植产品农药、肥料等投入品的使用情况

CGFDC-JG-03/2019

☐ 食用菌基质组成及农药等投入品的使用情况，包括购买记录、使用记录等

☐ 畜禽产品饲料及饲料添加剂、疫苗、兽药等投入品的使用情况，包括购买记录、使用记录等

☐ 水产品养殖过程的投入品使用情况，包括渔业饲料及饲料添加剂、渔药、藻类肥料等购买记录、使用记录等

☐ 蜂产品饲料、兽药、消毒剂等投入品使用情况，包括购买记录、使用记录等

☐ 加工产品原料、食品添加剂的使用情况，包括购买记录、使用记录等

4. 检查组成员

	姓名	检查员专业	联系方式
组长	×××	种植	13012345678
组员	×××	种植	15012345678
组员（实习）	×××	种植	15812345678
组员（实习）			
技术专家			

注：实习检查员和技术专家为组成检查组非必须人员

5. 现场检查安排

检查组将依据《绿色食品标志许可审查程序》安排首末大会、环境调查、现场检查、投入品和产品仓库查验、档案记录查阅、生产技术人员现场访谈等，请你单位主要负责人、绿色食品生产管理负责人、内检员等陪同检查。

6. 保密

检查组承诺在现场检查过程及结束之后，除国家法律法规要求外，

CGFDC-JG-03/2019

未经申请人书面许可，不得以任何形式向第三方透露申请人要求保密的信息。

检查员（签字）：××× ××× ×××

联系人：××× 联系电话：010-12345678

2021 年 12 月 10 日

7. 申请人确认回执

如你单位对上述事项无异议，请签字盖章确认；如有异议，请及时与我单位联系。

联系人：××× 联系电话：13301234567

负责人（签字）：×××

2021 年 12 月 11 日

注：该通知书省级工作机构、地市县级工作机构和申请人各一份。

图 3-10 《绿色食品现场检查通知书》样式

（二）申请人材料审查

【条文】

第二十条 申请书及产品调查表

申请人应使用中心统一制式表格，填写内容应完整、规范，并符合其填写说明要求；不涉及栏目应填写"无"或"不涉及"。

（一）申请书

1. 封面应明确初次申请、续展申请和增报申请，并填写申请日期；

2. 法定代表人、填表人、内检员应签字确认，申请人盖章应齐全；

3. 申请人名称、统一社会信用代码、食品生产许可证号、商标注册证号等信息应填写准确，如委托生产应在相应栏目注明被委托方信息；

4. 产品名称应符合国家现行标准或规章要求；

5. 商标应以"文字""英文（字母）""拼音""图形"的单一形式或组合形式规范表述；一个申请产品使用多个商标的，应同时提出；受理期、公告期商标应在相应栏目填写"无"；

6. 产量应与生产规模相匹配；

7. 包装规格应符合实际预包装情况；绿色食品包装印刷数量应按实际情况填写；年产值、年销售额应填写绿色食品申请产品实际销售情况；

8. 续展产品名称、商标、产量等信息发生变化的，应备注说明。

> （二）产品调查表包括《种植产品调查表》《畜禽产品调查表》《加工产品调查表》《水产品调查表》《食用菌调查表》《蜂产品调查表》，应按相应审查要点（附件1至附件6）审查。

【解读】

第二十条规定了《绿色食品标志使用申请书》和产品调查表的审查内容和审查要点。

材料审查时应以绿色食品相关法律法规、标准及制度规范为依据。

申请书及产品调查表应通过中国绿食品发展中心网站（http://www.greenfood.agri.cn/）"业务指南—绿色食品—资料下载"栏目下载，使用统一格式。表格内不涉及的项目需填写"无"或"不涉及"，填写后用A4纸打印，签字处须亲笔签名，禁止使用签字章、名章等代替。

营业执照证号应填写"统一社会信用代码"（18位"数字+字母"的组合）；食品生产许可证号填写"许可证编号"，格式为"SC×××××××××××××"（14位数字），如果为委托加工，应在许可证编号后注明被委托方名称；商标注册证号应填写注册号，格式为"第××××××××号"（8位数字），商标如果为授权使用，应在商标注册证号后注明授权方名称。

产品名称应当表明产品的真实属性，使用不会引起误解和混淆的常用名称。应符合《预包装食品标签通则》（GB 7718）和《预包装食品营养标签通则》（GB 28050）等。

同一申请产品使用多个商标的，应同时提出，不同商标之间用分号隔开。

产品调查表根据申请产品类别不同分为《种植产品调查表》

《畜禽产品调查表》《水产品调查表》《加工产品调查表》《食用菌调查表》《蜂产品调查表》，须对照附件1至附件6中各类产品生产特点的审查要点逐项审查。

【示例】

1.商标表述示例

如已取得商标注册证书，如图3-11所示，商标应表述为"绿色食品+英文+图形"；如尚未取得商标注册证书，仅持有商标注册申请受理通知书，如图3-12所示的情况，应按无商标处理。

图3-11　商标注册证示例　　　　图3-12　商标注册申请受理通知书示例

2.产品名称表述示例

例如，申请人申请产品名称不能填写为"不知火"，该名称无法识别产品真实属性，产品名称规范表述应为"不知火（柑橘）"；申请人申请产品名称不能填写为"竹叶青"，该名称无法识别产品是茶、酒或其他，产品名称规范表述应为"竹叶青（绿茶）"。

3.《种植产品调查表》审查示例

《种植产品调查表》的审查重点如图3-13所示。

一　种植产品基本情况

作物名称	种植面积（万亩）	年产量（吨）	基地类型	基地位置（具体到村）
杭白菜	0.175	260	A	上海市崇明区舒心镇惠民村
油麦菜	0.075	125	A	上海市崇明区舒心镇惠民村

注：基地类型填写自有基地（A）、基地入股型合作社（B）、流转土地统一经营（C）、公司+合作社（农户）（D）、全国绿色食品原料标准化生产基地（E）。

二　产地环境基本情况

产地是否位于生态环境良好、无污染地区，是否避开污染源？	是
产地是否距离公路、铁路、生活区50米以上，距离工矿企业1千米以上？	是
绿色食品生产区和常规生产区域之间是否有缓冲带或物理屏障？请具体描述	绿色食品生产区与常规区之间有道路间隔，道路两旁有树林绿化带

注：相关标准见《绿色食品 产地环境质量》（NY/T 391）和《绿色食品 产地环境调查、监测与评价规范》（NY/T 1054）。

三　种子（种苗）处理

种子（种苗）来源	种子购自上海会和种业有限公司，是本地有资质的种子厂商
种子（种苗）是否经过包衣等处理？请具体描述处理方法	不进行处理
播种（育苗）时间	杭白菜春茬2月上旬播种，秋茬9月下旬播种；油麦菜春茬2月上旬播种，秋茬9月下旬播种

注：已进入收获期的多年生作物（如果树、茶树等）应说明。

图3-13　种植产品调查表示例

四 栽培措施和土壤培肥

采用何种耕作模式（轮作、间作或套作）？请具体描述	茬口之间土地休整，深翻晒土
采用何种栽培类型（露地、保护地或其他）？	大棚栽培
是否休耕？	否

秸秆、农家肥等使用情况

名 称	来 源	年用量（吨/亩）	无害化处理方法
秸秆	/	/	/
绿肥	/	/	/
堆肥	/	/	/
沼肥	/	/	/

注："秸秆、农家肥等使用情况"不限于表中所列品种，视具体情况填写。

五 有机肥使用情况

作物名称	肥料名称	年用量（吨/亩）	商品有机肥有效成分氮磷钾总量（%）	有机质含量（%）	来源	无害化处理
杭白菜	有机肥	2	6	45	本地肥料厂	不涉及
油麦菜	有机肥	2	6	45	本地肥料厂	不涉及

注：该表应根据不同作物名称依次填写，包括商品有机肥和饼肥。

六 化学肥料使用情况

作物名称	肥料名称	有效成分（%）			施用方法	施用量（千克/亩）
		氮	磷	钾		
杭白菜（春茬）	斯克兰复合肥	15	15	15	埋施	20
杭白菜（秋茬）	斯克兰复合肥	15	15	15	埋施	20
油麦菜（春茬）	斯克兰复合肥	15	15	15	埋施	20
油麦菜（秋茬）	斯克兰复合肥	15	15	15	埋施	20

注：1.相关标准见《绿色食品 肥料使用准则》（NY/T 394）。
2.该表应根据不同作物名称依次填写。
3.该表包括有机-无机复配混肥使用情况。

七 病虫草害农业、物理和生物防治措施

当地常见病虫草害	常见虫害：小菜蛾、蚜虫、飞虱类 常见病害：霜霉病 常见草害：尖叶草等杂草
简述减少病虫草害发生的生态及农业措施	清除田间杂草和枯枝病叶；选用抗病虫草品种；合理密植，适当加大通风，降低棚内温度和湿度
采用何种物理防治措施？请具体描述防治方法和防治对象	大棚外围搭建防虫网阻隔害虫；放置性诱剂、杀虫灯防治菜蛾类；棚内放置黄板纸防治飞虱类等
采用何种生物防治措施？请具体描述防治方法和防治对象	无

注：若有间作或套作作物，请同时填写其病虫草害防治措施。

八 病虫草害防治农药使用情况

作物名称	农药名称	防治对象
杭白菜（春茬）	烯酰吗啉	霜霉病
杭白菜（秋茬）	氯虫苯甲酰胺	蚜虫
油麦菜（春茬）	喀菌酯	霜霉病
油麦菜（秋茬）	噻虫嗪	蚜虫

注：1.相关标准见《农药合理使用准则》（GB/T 8321）和《绿色食品 农药使用准则》（NY/T 393）。
2.若有间作或套作作物，请同时填写其病虫草害防治农药使用情况。
3.该表应根据不同作物名称依次填写。

九 灌溉情况

作物名称	是否灌溉	灌溉水来源	灌溉方式	全年灌溉用水量（吨/亩）
杭白菜	是	长江水	喷灌	1 000
油麦菜	是	长江水	喷灌	1 000

十 收获后处理及初加工

收获时间	杭白菜：春茬3月中旬，秋茬10月下旬 油麦菜：春茬3月中旬，秋茬11月下旬
收获后是否有清洁过程？请描述方法	人工去除外叶和根部
收获后是否对产品进行挑选、分级？请描述方法	主要根据外观分级，外形良好为优品
收获后是否有干燥过程？请描述方法	无
收获后是否采取保鲜措施？请描述方法	现采现销
收获后是否需要进行其他预处理？请描述过程	无
使用何种包装材料？包装方式？	食品专用塑料周转箱
仓储时采用何种措施防虫、防鼠、防潮？	无仓储环节
请说明如何防止绿色食品与非绿色食品混淆？	绿色食品有专用运输车及专用仓库，并有专员负责管理

十一 废弃物处理及环境保护措施

农药、肥料包装废弃物由农资公司统一回收处理；基地上设有专用垃圾箱对垃圾分类回收。

填表人（签字）：张小微   内检员（签字）：张小微

图 3-13 （续）

4. 电子信息系统审查示例

电子信息系统审查重点如图3-14所示。

图3-14 金农工程一期应用系统审查示例

5. 申请材料一致性审查示例

（1）申请人生产过程中使用吡虫啉防治桃树上的蚜虫。生产操作规程中关于桃树种植的化学防治中应涵盖吡虫啉的使用剂型、剂量及时间。现场检查时，检查组应查阅生产记录中农药使用情况、核查生产资料库储藏投入品等，核对生产记录中使用农药是否有吡虫啉的使用记录，核查生产资料库中是否存放吡虫啉，并将检查情况填写到《种植产品现场检查报告》农药使用相应评价项目内。

（2）申请人茶树生产基地共300亩，其中自有100亩，其余200亩为当地农户所有，申请材料中基地清单及农户清单中种植面积总和、预计产量总和应大于等于300亩及相应的茶青使用总量。农户清单中某农户的相关信息（包括姓名、委托面积、委托产量等）应与签订的委托种植协议（合同）中的相关信息一致。

【条文】

> **第二十一条 质量控制规范**
>
> 申请人应建立完善的质量管理体系，结构合理，制度健全，并满足绿色食品全程质量控制要求。内容应至少包括申请人简介、管理方针和目标、组织机构图及其相关岗位的责任和权限、可追溯体系、内部检查、文件和记录管理、持续改进体

系等。应由负责人签发并加盖申请人公章，应有生效日期。对续展申请人，质量控制规范如无变化可不提供。

【解读】

第二十一条规定了申请人质量控制规范的审查内容和要求。重点包括以下内容。

（1）申请人简介、管理方针和目标。例如，申请人生产、加工、经营等基本情况介绍；以人为本、质量至上、科技促发展等管理方针；绿色食品产品质量100%，客户满意度95%以上等经营目标。

（2）组织机构图。申请人应根据绿色食品主体类型和组织模式，建立科学合理、分工明确的绿色食品生产管理组织架构，明确质量管理组织职责。应设立一名绿色食品内部检查员，重点负责绿色食品质量控制相关工作。

（3）基地（农户）管理制度。建立基地清单、农户清单、农户档案，存在50户以上农户时，应建立基地内控组织（基地内部分块管理），并制定相关管理制度。基地和所有农户应实行"统一供种、统一投入品、统一培训、统一操作、统一管理、统一收购"的"六统一"制度。

（4）投入品供应及使用制度。包括生产资料等采购、使用、仓储、领用制度。

（5）生产过程管理制度。包括引种繁殖、种植或养殖管理、病虫害防治、产品收获或收集、产品加工、包装仓储、运输配送等相关管理制度。

（6）环境保护制度。包括基地环境监测保护制度、废弃物管理制度等。

（7）区分管理制度。如存在绿色食品和常规产品平行生产的情况，还应针对每个生产管理环节制定区分管理制度，防止绿色食品和常规产品混淆。

（8）培训与考核制度。包括绿色食品培训制度，同时针对绿色食品标准执行情况和质量控制情况建立考核制度等。

（9）内部检查及检测制度。包括质量安全检查制度、残次品处置制度、产品质量检测制度、质量事故报告和处理制度等。

（10）质量追溯管理制度。应按照"生产有记录，流向可追踪、信息可查询、质量可追溯"的要求，建立质量追溯管理制度和绿色食品全过程生产记录。

【条文】

> **第二十二条　生产操作规程**
>
> 生产操作规程包括种植规程（含食用菌产品）、养殖规程（包括畜禽产品、水产品、蜂产品）和加工规程，申请人应依据绿色食品相关标准及中心发布的相关生产操作规程结合生产实际情况制定，应具有科学性、可操作性和实用性。应由负责人签发并加盖申请人公章。对续展申请人，生产操作规程如无变化可不提供。
>
> （一）种植规程（含食用菌产品）
>
> 1. 应包括立地条件、品种、茬口（包括耕作方式，如轮作、间作等）、育苗栽培、种植管理、有害生物防治、产品收获及处理、包装标识、仓储运输、废弃物处理等内容；
>
> 2. 投入品的种类、成分、来源、用途、使用方法等应符合《绿色食品　农药使用准则》（NY/T 393）和《绿色食品　肥料使用准则》（NY/T 394）要求。
>
> （二）养殖规程（包括畜禽产品、水产品、蜂产品）
>
> 1. 应包括环境条件、卫生消毒、繁育管理、饲料管理、疫

病防治、产品收集与处理、包装标识、仓储运输、废弃物处理、病死及病害动物无害化处理等内容；

2.投入品的种类、来源、用途、使用方法等应符合《绿色食品 饲料及饲料添加剂使用准则》（NY/T 471）、《绿色食品 兽药使用准则》（NY/T 472）、《绿色食品 畜禽卫生防疫准则》（NY/T 473）和《绿色食品 渔药使用准则》（NY/T 755）要求。

（三）加工规程

1.应包括原料验收及储存、主辅料和食品添加剂组成及比例、生产工艺及主要技术参数、产品收集与处理、主要设备清洗消毒方法、废弃物处理、包装标识、仓储运输等内容；

2.应重点审查主辅料和食品添加剂的种类、成分、来源、使用方式，防虫、防鼠、防潮措施及投入品的种类、来源、用途、使用方法等应符合《绿色食品 农药使用准则》（NY/T 393）和《绿色食品 食品添加剂使用准则》（NY/T 392）要求。

【解读】

第二十二条规定了生产操作规程的审查内容和要求。

应由申请人结合本单位生产实际和绿色食品标准要求，自主编制或在有关技术部门指导协助下编制完成，不能用国家标准、行业标准、地方标准或技术资料代替。应因地制宜，根据申请产品的种类特点、环境条件、设施水平、技术水平等综合因子分类编制。应按照绿色食品相关标准和全过程质量控制要求制定生产操作规程，产地环境、投入品、生产技术、生产管理、产品收获、产品加工、包装储运等每个生产过程和技术环节要符合绿色食品标准和生产技术要求。内容应符合国家法律法规、国家食品安全标准及绿色食品标准要求，应具备科学性、可操作性、实用性，能够指导实际生产，不应有绿色食品违禁投入品。

中国绿色食品发展中心自2018年起至今已编制区域性绿色食品生产操作规程243项，内容涵盖50余类产品，已出版了相关图书（图3-15），是申请人制定生产操作规程的重要参考。

图3-15 绿色食品生产操作规程系列丛书

【条文】

第二十三条 基地来源证明材料

证明材料包括基地权属证明、合同（协议）、农户（社员）清单等，应重点审查证明材料的真实性和有效性，不应有涂改或伪造。

（一）自有基地

1. 应审查基地权属证书，如产权证、林权证、滩涂证、国有农场所有权证书等；

2. 证书持有人应与申请人信息一致；

3. 基地使用面积应满足生产规模需要；

4. 证书应在有效期内。

（二）基地入股型合作社

1. 应审查合作社章程及农户（社员）清单，清单中应至少包括农户（社员）姓名、生产规模等栏目；

2. 章程和清单中签字、印章应清晰、完整；

3. 基地使用面积应满足生产规模需要。

（三）流转土地统一经营

1. 应审查基地流转（承包）合同（协议）及流转（承包）清单，清单中应至少包括农户（社员）姓名、生产规模等栏目；

2. 基地流入方（承包人）应与申请人信息一致；土地流出方（发包方）为非产权人的，应审查非产权人土地来源证明；

3. 基地使用面积应满足生产规模需要；

4. 合同（协议）应在有效期内。

第二十四条 原料来源证明材料（含饲料原料）

证明材料包括合同（协议）、基地清单、农户（内控组织）清单及购销凭证等，应重点审查证明材料的真实性和有效性，不应有涂改或伪造。

（一）"公司+合作社（农户）"

1. 应审查至少两份与合作社（农户）签订的委托生产合同（协议）样本及基地清单；合同（协议）有效期应在三年（含）以上，并确保至少一个绿色食品用标周期内原料供应的稳定性，内容应包括绿色食品质量管理、技术要求和法律责任等；基地清单中应包括序号、负责人、基地名称、合作社（农户）数、生产品种、面积（规模）、预计产量等栏目，并应有汇总数据；

2. 农户数50户（含）以下的应审查农户清单，清单中应包括序号、基地名称、农户姓名、生产品种、面积（规模）、预计产量等栏目，并应有汇总数据；农户数50户以上1 000户（含）以下的，应审查内控组织（不超过20个）清单，清单中应包括序号、负责人、基地名称、农户数、生产品种、面积（规模）、预计产量等栏目，并应有汇总数据；农户数1 000户以上的，应与合作社建立委托生产关系，被委托合作社应统一负责生产经营活动，应审查基地清单及被委托合作社章程；

3. 清单汇总数据中的生产规模或产量应满足申请产品的生产需要。

（二）外购全国绿色食品原料标准化生产基地原料

1. 应审查有效期内的基地证书；

2. 申请人与全国绿色食品原料标准化生产基地范围内生产经营主体签订的原料供应合同（协议）及一年内的购销凭证；

3. 合同（协议）、购销凭证中产品应与基地证书中批准产品相符；

4. 合同（协议）有效期应在三年（含）以上，并确保至少一个绿色食品用标周期内原料供应的稳定性，生产规模或产量应满足申请产品的生产需要；

5. 购销凭证中收付款双方应与合同（协议）中一致；

6. 基地建设单位出具的确认原料来自全国绿色食品原料标准化生产基地和合同（协议）真实有效的证明；

7. 申请人无须提供《种植产品调查表》、种植规程、基地图等材料。

（三）外购已获证产品及其副产品（绿色食品生产资料）

1. 应审查有效期内的绿色食品（绿色食品生产资料）证书；

2. 申请人与绿色食品（绿色食品生产资料）证书持有人签订的购买合同（协议）及一年内的购销凭证；供方（卖方）非证书持有人的，应审查绿色食品原料（绿色食品生产资料）来源证明，如经销商销售绿色食品原料（绿色食品生产资料）的合同（协议）及发票或绿色食品（绿色食品生产资料）证书持有人提供的销售证明等；

3. 合同（协议）、购销凭证中产品应与绿色食品（绿色食品生产资料）证书中批准产品相符；

4. 合同（协议）应确保至少一个绿色食品用标周期内原料供应的稳定性，生产规模或产量应满足申请产品的生产需要；

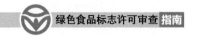

> **5.** 购销凭证中收付款双方应与合同（协议）中一致。

【解读】

第二十三条和第二十四条规定了申请人的基地来源、原料来源及证明材料的审查内容和要求。

稳定的生产基地是指申请人自行组织生产管理的基地，包括自有基地（自有产权基地）、基地入股型合作社（社员以自有土地入股合作社）和流转土地统一经营3种情况；稳定的原料来源基地是指申报产品原料或配料并非申请人自行组织生产，包括按照绿色食品标准组织生产获得的原料、绿色食品原料标准化基地的原料、已获证的绿色食品产品及其副产品或绿色食品生产资料。不同基地来源和原料来源要分别对土地权属证明、合同（协议）文件和购买凭证等材料进行审查。重点关注是否能按照绿色食品标准要求组织生产以及来源的稳定性。其中，委托生产合同（协议）中应明确绿色食品生产技术要求、种植品种、种植规模、产品质量和产量等。

【示例】

基地清单和农户清单示例分别见图3-16和图3-17。

基地清单（模板）

序号	合作社名 （基地村名）	农户数	生产品种	生产规模	预计产量	负责人员
1	A村	2	辣椒	150亩	75吨	张三
2	B村	4	辣椒、白菜	100亩	185吨	王五
3	C村	1	白菜	20亩	100吨	吴九

图3-16　基地清单示例

农户清单（模板）

序号	基地村名	农户姓名	生产品种	生产规模	预计产量
1	A 村	张三	辣椒	100 亩	50 吨
2	A 村	李四	辣椒	50 亩	25 吨
3	B 村	王五	辣椒	50 亩	25 吨
4	B 村	赵六	辣椒	20 亩	10 吨
5	B 村	孙七	白菜	10 亩	50 吨
6	B 村	周八	白菜	20 亩	100 吨
7	C 村	吴九	白菜	20 亩	100 吨
合计			辣椒	220 亩	110 吨
			白菜	50 亩	250 吨

申请人（盖章）

图 3-17　农户清单示例

【条文】

第二十五条　基地图

基地图包括基地位置图及基地分布图或生产场所平面布局图。图示应有图例、指北等要素，图示信息应与申请材料中相关信息一致。

（一）基地位置图范围应为基地及其周边5千米区域，应标示出基地位置、基地区域界限（包括行政区域界限、村组界限等）及周边信息（包括村庄、河流、山川、树林、道路、设施、污染源等）；

（二）基地分布图或生产场所平面布局图应标示出基地面积、方位、边界、周边区域利用情况及各类不同生产功能区域等。

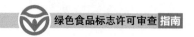

【解读】

基地图是反映绿色食品生产基地位置、基地规模、实际生产布局及周边环境情况的重要技术资料。应在调查核实基地实际情况的基础上绘制,可手绘,确保真实全面、信息准确、清晰易读、方便核对。

【示例】

基地分布图示例如图3-18所示。

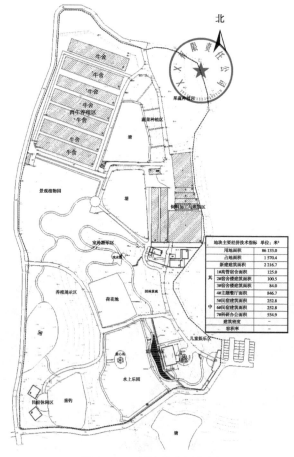

图 3-18　基地分布图示例

【条文】

> 第二十六条　预包装标签设计样张
>
> （一）应符合《食品标识管理规定》《食品安全国家标准 预包装食品标签通则》（GB 7718）和《食品安全国家标准　预包装食品营养标签通则》（GB 28050），包装应符合《绿色食品　包装通用准则》（NY/T 658）等要求。
>
> （二）绿色食品标志设计样应符合《中国绿色食品商标标志设计使用规范手册》要求。
>
> （三）生产商名称、产品名称、商标样式、产品配方、委托加工等标示内容应与申请材料中相关信息一致。

【解读】

第二十六条规定了产品预包装食品标签的审查内容和要求。

预包装食品标签是向消费者明示产品信息的重要载体，应按照《中国绿色食品商标标志设计使用规范手册》（2021版）要求设计使用绿色食品标志。《中国绿色食品标志设计使用规范手册》可通过中国绿食品发展中心网站（http://www.greenfood.agri.cn/）"业务指南—绿色食品—标志管理"栏目下载。标签内容应包含绿色食品证书上的内容，如产品名称、商标名称及样式、申请人名称、委托加工方名称、食品生产许可证号、产品标准号等。

【示例】

预包装食品标签示例见图3-19。

图3-19　预包装食品标签示例

【条文】

> **第二十七条** 生产记录及绿色食品证书复印件
>
> （一）生产记录中投入品来源、用途、使用方法和管理等信息应符合绿色食品标准要求。
>
> （二）上一用标周期绿色食品证书中应有年检合格章。

【解读】

第二十七条规定了续展申请人生产记录和绿色食品证书的审查内容和要求。

生产记录是用于追溯申请人的生产历史和质量有关情况的重要技术文件。初次申请主体的生产记录一般由检查员在现场检查及企业年检时进行审查，续展申请主体需要在申请时提供上一用标周期绿色食品生产记录复印件。记录应有固定格式，且书写规范，操作人和审核人应亲笔签名，确保记录真实性。应现场记录，不应事后批量补写，也不应事前估算填写。严禁伪造生产记录。绿色食品生产记录应包含投入品购买与领用、生产操作、产品收获、收获后处理、包装标识、储藏运输、产品销售等记录，保证能追溯上一用标周期从销售到基地生产全过程，同时应有当地农业农村行政主管部门的指导和监督。

上一用标周期绿色食品证书应有标志使用期间的年检合格章，可提供复印件或原件。

【示例】

1. 种植产品生产记录示例（图3-20）

应详细记载生产活动中所使用过的肥料和农药等投入品的名称、来源、用法、用量、使用日期、停用日期；植物病虫草害的发生情况和防治技术措施；产品收获日期等。

2020 年度肥料购买入库登记

序号	日期	肥料名称	生产厂家	单位	规格	购进入库数量（包）	购物经办人	仓管员
1	1 月 20 日	硫酸钾复合肥	×××肥业有限公司	包	50 千克/包	810	游增汉	李顺发
2	1 月 8 日	硫酸镁	×××化肥有限公司	包	25 千克/包	800	游增汉	李顺发
3	1 月 19 日	中微量元素水溶肥	×××生物科技有限公司	包	20 千克/包	2 000	游增汉	李顺发
4	6 月 5 日	硫酸钾复合肥	×××肥业有限公司	包	50 千克/包	800	游增汉	李顺发
5	7 月 25 日	微生物菌剂可施可力	×××生物科技股份有限公司	包	20 千克/包	8 000	陈玉生	李顺发
6	10 月 1 日	沼渣		包	50 千克/包	100 000	陈玉生	李顺发
7	12 月 3 日	猪牛粪		包	50 千克/包	40 000	陈玉生	李顺发

（a）肥料购买入库记录

2020 年度肥料施用过程记录　　　　　记录人：陈玉生

施用时间	肥料种类	商标品牌	含量（%）N-P-K	亩用量（千克）	施用目的	操作人员
1 月上旬	腐熟猪牛粪	/	/	1 000	施冬肥	各社员
2 月下旬	硫酸镁	撒得利	/	10	保梢、保花	各社员
2 月下旬	中微量元素水溶肥	全补	13-0-0	20	保梢、保花	各社员
2 月下旬	硫酸钾型复合肥	西洋	15-15-15	20	保梢、保花	各社员
6 月上旬	硫酸钾型复合肥	西洋	15-15-15	20	壮果	各社员
6 月上旬	商品有机肥	沃壤	≥5%	300	壮果	各社员
8 月上旬	微生物菌剂可施可力	科诺	/	80	保梢壮果，改善土壤结构	各社员
11 月中上旬	沼渣	/	/	2 500	采果后恢复树势，促进花芽分化，改善土壤结构	各社员

（b）肥料施用过程记录

图 3-20　种植产品生产记录示例

2020 年度农药购买入库登记

序号	日期	农药名称	生产厂家	农药登记证号	规格剂型	购进入库数量	购物经办人	仓管员
1	3 月 16 日	代森锰锌	×××农业科技有限公司	PD20060098	500 克 / 包	165 包	陈玉生	李顺发
2	4 月 6 日	波尔多液	×××有限公司	PD20081044	1 000 克 / 包	900 包	陈玉生	李顺发
3	6 月 20 日	春雷·喹啉铜	×××药业（中国）有限公司	PD20181303	500 克 / 包	150 瓶	游增汉	李顺发
4	12 月 20 日	矿物油	×××生物科技有限公司	PD20130015	500 升 / 包	2 700 瓶	游增汉	李顺发

（c）农药购买入库记录

2020 年度农药施用记录　　　　　　　　记录人：陈玉生

喷药时间	施用农药种类	施用量	施用方法	施药目的	操作人员
3 月下旬	代森锰锌	600 倍液	喷雾	防治疮痂病、炭疽病	各社员
4 月中旬	波尔多液	600 倍液	喷雾	防治溃疡病	各社员
6 月下旬	春雷·喹啉铜	1 600 倍液	喷雾	防治溃疡病	各社员
12 月下旬	矿物油	300 倍液	喷雾	防治红蜘蛛	各社员

（d）农药施用记录

2020 年度生产记录

作物名称	红肉蜜柚	来源地及单位	×××专业合作社	种植面积	670 亩	检疫情况
日期	生产记录					操作员签名
1 月上旬	施冬肥，亩施腐熟猪牛粪 1 000 千克					
2 月上旬	轻剪，剪除旺春梢。悬挂捕食螨防治红蜘蛛、锈壁虱					
2 月下旬	施促花肥，亩施 45%（15-15-15）硫酸钾型复合肥 20 千克、硫酸镁 10 千克、全补中微量元素水溶肥 20 千克					
3 月下旬	用 80% 可湿性粉剂代森锰锌 600 倍液喷药防治炭疽病、疮痂病					
4 月中旬	用 80% 可湿性粉剂波尔多液 600 倍液喷雾防治溃疡病					
5 月	中耕除草，人工割草					
6 月上旬	施壮果肥亩施 45%（15-15-15）硫酸钾型复合肥 20 千克、商品有机肥亩施 300 千克					
6 月下旬	用 45% 悬浮剂春雷·喹啉铜 1 600 倍液喷雾防治溃疡病					
7 月	选果，剔除畸形果和次果，果实套袋					
8 月上旬	结合放秋梢沟施一次微生物菌剂可施可力 80 千克 / 亩					
9 月上旬	人工除草					
9 月中下旬至 10 月上旬	采果、卖果					

（e）生产记录

图 3-20 （续）

2020 年度内部检查记录　　　　　　　　　记录人：陈林生

时间	检查内容	检查人员	发现的问题	解决方案
1 月 10 日	检查农资仓库	陈玉生、陈林生	仓库投入品摆放不够分明	及时规整
2 月 3 日	检查社员基地环境	陈玉生、陈林生、游增汉	基地不够清洁	及时清理
5 月 10 日	检查农资仓库出入库明细	陈玉生、陈林生	出入库明细的登记有些没有社员签字	及时补签
9 月中旬	查看产品分捡仓库	陈玉生、陈林生、李顺发	正常，没有发现问题	
11 月中旬	查看基地施沼肥	陈玉生、陈林生、游增汉	正常，按种植规程要求用量进行沤施	

（f）内部检查记录

2020 年度收获记录　　　　　　　　　　　记录人：陈玉生

时间	社员基地名称	产品名称	数量（千克）	操作人员
9 月 20—26 日	丰朗村小歧坑	红肉蜜柚	500 000	陈玉生
9 月 20—26 日	丰朗村小歧坑	红肉蜜柚	450 000	刘贵华
9 月 20—26 日	丰朗村小歧坑	红肉蜜柚	450 000	游增汉
9 月 20—26 日	丰朗村寨下坪	红肉蜜柚	320 000	游宝信
9 月 25 日—10 月 3 日	丰朗村小歧坑	三肉蜜柚	380 000	陈林香
9 月 25 日—10 月 3 日	丰朗村旁坑	三肉蜜柚	450 000	陈良先
9 月 25 日—10 月 3 日	丰朗村旁坑	三肉蜜柚	400 000	陈森明
9 月 20—26 日	丰朗村寨下坪	三肉蜜柚	350 000	李顺发
9 月 20—26 日	丰朗村旁坑	三肉蜜柚	200 000	陈善奎
9 月 28 日—10 月 5 日	丰朗村小歧坑	黄肉蜜柚	250 000	陈集生
9 月 28 日—10 月 5 日	丰朗村小歧坑	黄肉蜜柚	220 000	刘兰香
9 月 28 日—10 月 5 日	丰朗村旁坑	黄肉蜜柚	210 000	温素英
9 月 23—30 日	丰朗村旁坑	琯溪蜜柚	210 000	陈嘉瑜
9 月 23—30 日	丰朗村小歧坑	琯溪蜜柚	210 000	李林通
9 月 23—30 日	丰朗村旁坑	琯溪蜜柚	180 000	周华英
9 月 23—30 日	丰朗村寨下坪	琯溪蜜柚	170 000	兰有娘

（g）收获记录

图 3-20（续）

2020 年度运输记录　　　　　　　记录人：陈玉生

时间	运输路线	产品名称	数量（千克）	运输工具	操作人员
9月26日	小歧坑基地到合作社选果仓库	红肉蜜柚	500 000	汽车	陈玉生
9月26日	小歧坑基地到合作社选果仓库	红肉蜜柚	450 000	汽车	刘贵华
9月26日	小歧坑基地到合作社选果仓库	红肉蜜柚	450 000	汽车	游增汉
9月26日	寨下坪基地到合作社选果仓库	红肉蜜柚	320 000	汽车	游宝信
9月26日	寨下坪基地到合作社选果仓库	三红蜜柚	350 000	汽车	李顺发
9月27日	基地到合作社选果仓库	三红蜜柚	200 000	汽车	陈善奎
9月28日	基地到合作社选果仓库	琯溪蜜柚	210 000	汽车	陈嘉瑜
9月29日	小歧坑基地到合作社选果仓库	琯溪蜜柚	210 000	汽车	李林通
9月30日	基地到合作社选果仓库	琯溪蜜柚	180 000	汽车	周华英
9月30日	寨下坪基地到合作社选果仓库	琯溪蜜柚	170 000	汽车	兰有娘

（h）运输记录

2020 年度产品销售记录　　　　　　　记录人：陈林生

时间	产品名称	数量（千克）	购买方	联系方式
9月27日	红肉蜜柚	650 000	广东深圳布吉农产品批发市场	李小卫××××
9月27日	三红蜜柚	650 000	广东深圳布吉农产品批发市场	李小卫××××
9月27日	琯溪蜜柚	80 000	广东深圳布吉农产品批发市场	李小卫××××
9月27日	黄肉蜜柚	80 000	广东深圳布吉农产品批发市场	李小卫××××
9月30日	红肉蜜柚	500 000	厦门市如雨农产品贸易有限公司	陈小鹭××××
9月30日	三红蜜柚	500 000	厦门市如雨农产品贸易有限公司	陈小鹭××××
9月30日	琯溪蜜柚	200 000	厦门市如雨农产品贸易有限公司	陈小鹭××××
9月30日	黄肉蜜柚	200 000	厦门市如雨农产品贸易有限公司	陈小鹭××××
10月2日	红肉蜜柚	30 000	福建省龙岩市上杭县稔田镇蜜柚电商中心	邱启凤××××
10月2日	三红蜜柚	30 000	福建省龙岩市上杭县稔田镇蜜柚电商中心	邱启凤××××
10月2日	琯溪蜜柚	30 000	福建省龙岩市上杭县稔田镇蜜柚电商中心	邱启凤××××
10月2日	黄肉蜜柚	30 000	福建省龙岩市上杭县稔田镇蜜柚电商中心	邱启凤××××
10月3日	红肉蜜柚	300 000	广东深圳布吉农产品批发市场	李小卫××××
10月3日	三红蜜柚	300 000	广东深圳布吉农产品批发市场	李小卫××××

（i）产品销售记录

图 3-20（续）

2. 上一用标周期绿色食品证书示例（图3-21）

图 3-21　上一用标周期绿色食品证书示例

【条文】

第二十八条　资质证明材料

申请人应具备国家法律法规要求办理的资质证书。检查员应审查资质证书的真实性及有效性。

（一）营业执照

1. 通过国家企业信用信息公示系统核验申请人登记信息；

2. 证书中名称、法定代表人等信息应与申请人信息一致；

3. 提出申请时，成立时间应不少于一年；

4. 经营范围应涵盖申请产品类别；

5. 应在有效期内；

6. 未列入经营异常名录、严重违法失信企业名单。

（二）商标注册证

1. 通过国家知识产权局商标局网站核验商标注册信息；商标在受理期、公告期的，按无商标处理；

2. 证书中注册人应与申请人或其法定代表人一致；不一致的，应审查商标使用权证明材料，如商标变更证明、商标使用许可证明、商标转让证明等；

3. 核定使用商品类别应涵盖申请产品；

4. 应在有效期内。

（三）食品生产许可证及品种明细表

1. 通过国家市场监督管理总局网站核验食品生产许可信息；

2. 证书中生产者名称应与申请人或被委托方名称一致；

3. 许可品种明细表应涵盖申请产品；

4. 应在有效期内。

（四）动物防疫条件合格证

1. 证书中单位名称应与申请人或被委托方名称一致；

2. 经营范围应涵盖申请产品相关的生产经营活动；

3. 应在有效期内。

（五）取水许可证、采矿许可证、食盐定点生产企业证书、定点屠宰许可证

1. 持证方名称应与申请人或被委托方名称一致；

2. 生产规模应能满足申请产品产量需要；

3. 应在有效期内。

（六）绿色食品内检员证书

1. 持证人所在企业名称应与申请人名称一致；

2. 应在有效期内。

（七）国家追溯平台注册证明中主体名称应与申请人名称一致。

（八）其他需提供的资质证明材料应符合国家相关要求。

【解读】

第二十八条规定了资质证明类文件的审查内容和要求。

申请人资质证明类材料包括：国家市场监管总局核发的营业执照，县级以上地方人民政府食品药品监督管理部门核发的食品生产许可证，国家知识产权局商标局核发的商标注册证，县级地方人民政府兽医主管部门核发的动物防疫条件合格证，中国绿色食品发展中心核发的绿色食品内部检查员证书，国家农产品质量安全追溯管理信息平台注册完成证明等。各类证明文件持证方名称应与申请人信息相符，涉及委托、授权、转让等特殊情况的，附加证明文件应符合信息、时间、数据逻辑；证明文件应在有效期内。

【示例】

某肉牛养殖企业申请绿色食品标志需要提供的资质证明材料主要包括营业执照、商标注册证、动物防疫条件合格证、内部检查员证书等，重点证明申请人所从事的生产具有合法资质，并具有相应的生产能力。

1. 营业执照（图3-22）

（1）营业执照中的主体名称（绿色食品申请人）为企业法人、农民专业合作社、个人独资企业、合伙企业、家庭农场、国有农场、国有林场或兵团团场等生产单位。

（2）绿色食品申请日期距营业执照中的成立日期已满1年。

（3）申请人经营正常、信用信息良好，未列入经营异常名录、严重违法失信企业名单。

（4）经营范围应涵盖牛养殖、牛产品生产经营等相关行业。

（5）企业信用信息公示系统查询网址为http://gsxt.salc.gov.cn，申请人无须提交纸质营业执照复印件，检查员现场检查核实。

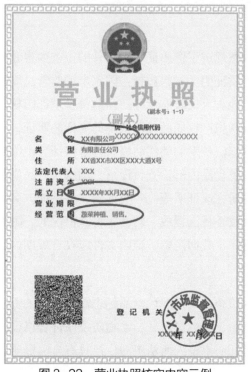

图3-22　营业执照核实内容示例

2. 商标注册证（图3-23）

（1）商标注册人应与绿色食品申请人一致。授权使用的商标应提交商标授权使用合同或协议。

（2）商标注册范围属于"核定使用商品"第31类并涵盖申请产品。

（3）商标应在注册有效期内。

（4）受理期、公告期的商标应按无商标申报绿色食品，待正式取得商标注册证后可向中国绿色食品发展中心申请免费变更商标。

（5）商标注册申请信息查询网址为http://sbj.cnipa.gov.cn/sbcx/，申请人无须提交纸质商标注册证复印件，检查员现场检查核实。

图3-23　商标注册证核实内容示例

3. 动物防疫合格证（图3-24）

（1）单位名称应与绿色食品申请人一致。

（2）经营范围应涵盖牛羊养殖等相关行业。

（3）应在有效期内。

图 3-24　动物防疫条件合格证核实内容示例

4. 有效期内的绿色食品企业内检员证书复印件

内检员经培训合格后获得绿色食品企业内部检查员资格证书（图3-25），此证书中"所在企业"显示为"未挂靠"。选择所在企业后获得绿色食品企业内检员证书（图3-26），证书中"所在企业"名称应与绿色食品申请人一致。

图 3-25　绿色食品企业内检员资格证书示例

图 3-26　绿色食品企业内检员证书核实内容示例

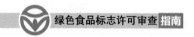
5. 国家农产品质量安全追溯管理信息平台信息表（图3-27）

国家农产品质量安全追溯管理信息平台由农业农村部建设管理，自2018年起在全国推广应用，绿色食品、有机农产品和地理标志农产品100%纳入追溯管理，实现"带证上网、带码上线、带标上市"。国家农产品质量安全追溯管理信息平台网址为http://www.qsst.moa.gov.cn，信息表中主体名称应与申请人名称一致。

 国家追溯平台生产经营主体注册信息表

2021-09-24 09:09

主体信息	主体名称	光泽德志种养业专业合作社			
	主体身份码				
	组织形式	合作社			
	主体类型	生产经营主体			
	主体属性	一般主体		电子身份标识	
	所属行业	种植业	企业注册号		
	证件类型	三证合一营业执照（无独立组织机构代码证）	组织机构代码	无	
	营业期限	长期			
	详细地址				
法定代表人及联系信息	法定代表人姓名	傅文燕	法定代表人证件类型	大陆身份证	
	法定代表人证件号码		法定代表人联系电话		
	联系人姓名	傅文燕	联系人电话		
	联系人邮箱				
证照信息					
法人身份证件信息					

图 3-27　国家农产品质量安全追溯管理信息平台信息表示例

(三) 现场检查材料

【条文】

> **第二十九条** 现场检查工作应由两名（含）以上具有相应资质检查员组织实施，检查员应根据申请人生产规模、基地距离及工艺复杂程度等情况计算现场检查时间，原则上不少于一个工作日，且应安排在申请产品生产、加工期间的高风险时段实施。涉及跨省级行政区域委托现场检查的，应审查委托协议，并向中心备案。

【解读】

第二十九条规定了现场检查工作的人员资质和检查时间的要求。

现场检查是指由检查员依据绿色食品规范制度和技术标准等对绿色食品申请人提交的申请材料、产地环境质量、产品生产过程等实施调查、检查、核实、风险分析和评估并撰写现场检查报告的过程。

现场检查人员资质条件和检查时间是现场检查有效性的基本前提。绿色食品检查员有检查员和高级检查员两个级别，注册专业为种植、养殖和加工3个专业。检查员注册有效期为3年，检查员需在注册有效期期满3个月内向中国绿色食品发展中心提出书面再注册申请。超过有效期未提交再注册申请或3年内未完成3个以上注册专业类别申请企业材料审查和现场检查的，不予再注册。现场检查专业性、技术性强，为保证现场检查工作的科学性和公平性，检查组派出机构根据申请产品类别，委派2名（含）以上具有相应专业资质要求的检查员组成检查组开展现场检查，必要时可配备相应领域的技术专家。应根据申请人生产规模、基地距离及工艺复杂程度等情况计算现场检查时间，加工产品的原料基地、畜禽产品的饲料原料种植基地、饲料加工均需要现场检查，原则上不少于1个工作日。现场检查是获得第一手资料的重要途径，为更深入了解生产工艺、投入品使用、绿色食品标准执行情况，现场检查应安排在申请产品生产、加工期间（例如，从种子萌发到产品收获的时间段，从母体妊娠到屠宰加工的时间段，从原料到产品包装的时间段）的高风险时段进行，否则为无效检查。

【条文】

第三十条 现场检查通知书应重点审查申请人名称、申请类型等与申请人材料的一致性，检查依据和检查内容的适用性和完整性，检查员保密承诺，申请人确认回执等。检查组和申请人应签字确认，盖章应齐全。

【解读】

第三十条规定了现场检查通知书的审查内容和要求。

现场检查通知书包括申请人、检查时间、检查目的、检查依据、检查内容、检查组成员、现场检查安排、保密、申请人确认回执等内容。

通知书中申请人信息应与营业执照一致；现场检查内容应根据检查依据覆盖申请产品各生产环节，不能随意改变或遗漏，检查员应重点核实申请人质量管理体系和生产管理制度落实情况，种植、养殖、加工、包装、储藏运输等过程与申请材料的符合性，生产记录、投入品使用记录，续展申请人绿色食品标识使用情况等，检查和分析评估产地环境质量、生产投入品的购买记录、使用记录等；检查组成员及技术专家信息应填写完整，检查员应在注册有效期内，专业涵盖申请产品类别，跨省级行政区域现场检查的检查员应为高级检查员；工作机构应与申请人沟通明确现场检查时间和检查计划，并在现场检查日期3个工作日前将《绿色食品现场检查通知书》发送给申请人，检查员应在保密承诺处签字，省级工作机构应盖章确认；申请人应做好各项准备，配合现场检查工作，对绿色食品现场检查通知书内容签字盖章确认；现场检查通知书应由省级工作机构、地市县级工作机构和申请人存档。

【条文】

> **第三十一条　现场检查报告**
>
> （一）应由检查员按照中心统一制式表格在现场检查完成后十个工作日内完成，不可由他人代写。
>
> （二）检查项目、检查情况描述应与申请人的实际生产情况相符，检查员应客观、真实评价各部分检查内容；生产中投入品使用应符合国家相关法律法规和绿色食品投入品使用准则；现场检查综合评价应全面评价申请人质量管理体系、产地环境质量、产品生产过程、投入品使用、包装储运、环境保护、绿色食品标志使用等情况；检查员和申请人应对现场检查报告内容签字确认，盖章应齐全。
>
> （三）对续展申请人，现场检查报告还应重点审查续展相关项目，如上一用标周期《绿色食品标志商标使用许可合同》责任和义务的履行情况，产地环境、生产工艺、预包装标签设计样张、绿色食品标志使用情况等。

【解读】

第三十一条规定了现场检查报告的审查内容和要求。包括检查人员资质条件、检查时间的季节性条件和报告内容填写的规范性、真实性和有效性。现场检查报告是现场检查实际情况的重要记录文件，分为种植、畜禽、加工、水产、食用菌和蜂产品6个类别。现场检查报告应由检查组成员于现场检查结束后10个工作日内完成，并提交到省级工作机构，不可由他人代写。现场检查报告应按照中国绿色食品发展中心规定的格式填写，字迹整洁、术语规范，内容应翔实、具体，与生产实际相符。现场检查报告应经申请人的法定代表人和检查组成员双方签字确认。

现场检查报告由基本情况、现场检查内容评价、现场检查意见等部分组成。基本情况包括申请人信息、申请类型、申请产品信息、检查组成员信息及现场检查日期等。现场检查内容评价包括检查项目、检查内容和检查情况描述等。检查员应按申请人申请产品类别逐项填写现场检查报告，检查项目、检查内容等应完整无遗漏，现场检查描述等应符合申请产品生产实际。如种植产品现场检查报告涵盖基本情况、质量管理体系、产地环境质量、种子（种苗）、作物栽培与土壤培肥、病虫草害防治、采后处理、包装与储运、废弃物处理及环境保护措施、绿食品标志使用情况、收获统计等内容，检查员应根据现场检查情况客观真实对各检查项目进行描述。现场检查意见包括现场检查综合评价、检查意见、申请人法人（负责人）签字盖章等内容。现场检查综合评价应全面评价申请人质量管理体系、产地环境质量、产品生产过程、投入品使用、包装储运、环境保护、绿色食品标志使用等情况，不应该简单填写合格或不合格。检查员完成现场检查后应作出现场检查合格、限期整改、不合格的判定。申请人应签字盖章，确认检查组按照现场检查通知书的要求完成了现场检查工作，报告内容符合客观事实。

对续展申请人，现场检查报告应重点审查企业是否提供了经核准的绿色食品证书；是否按规定时限续展；是否执行了《绿色食品商标标志使用许可合同》；续展申请人、产品名称等是否发生变化；质量管理体系是否发生变化；用标周期内是否出现产品质量投诉现象；用标周期内是否接受中国绿色食品发展中心组织的年度抽检，产品抽检报告是否合格；用标周期内是否出现年检不合格现象，如若不合格请说明年检不合格原因；核实上一用标周期标志使用数量、原料使用凭证；申请人是否建立了标志使用出入库台账，能够对标志的使用、流向等进行记录和追踪；包装标签中相关内容与绿色食品证书所载内容是否相符；用标周期内标志使用存在的问题。

【条文】

> **第三十二条** 会议签到表应按中心统一制式表格填写，应重点审查检查时间、检查员资质、申请人名称及参会人员情况等，检查员、签到日期应与现场检查报告相关信息一致。

【解读】

第三十二条规定了会议签到表的审查内容和要求。会议签到表应按照中国绿色食品发展中心统一制式表格填写。申请人应与申请书一致，涉及多次补充检查的应按时间分别填写会议签到表。申请人应至少包括生产技术负责人员、质量管理负责人员、内检员等；所有参会人员应亲笔签到，签到日期应与现场检查日期一致。

【示例】

会议签到表示例见图3-28。

图 3-28　现场检查会议签到表示例

【条文】

> **第三十三条**　发现问题汇总表应客观说明检查中存在的问题，涉及整改的，应重点审查整改落实情况，检查组长和申请人应签字确认，盖章应齐全。

【解读】

第三十三条规定了发现问题汇总表审查内容和要求。发现问题汇总表中申请人、申请产品应与申请书一致，时间应与现场检查时间一致。检查组应依据标准规范的具体条款，客观描述现场检查中发现问题并汇总填入发现问题汇总表；申请人应明确整改措施及时限承诺，并在规定的时间内提交整改报告及相关佐证材料；检查组长应对现场检查发现问题的整改落实情况进行签字确认。现场检查未发现问题的，检查组长应填写"无意见"。发现问题汇总表一式3份，中国绿色食品发展中心、省级工作机构和申请人各留存1份。

【示例】

现场发现问题汇总表示例见图3-29。

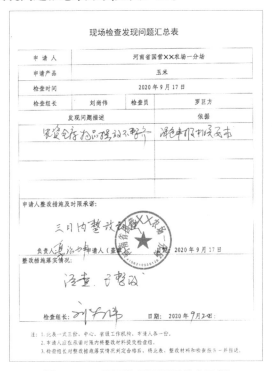

图3-29　现场发现问题汇总表示例

【条文】

第三十四条　现场检查照片

（一）检查员应提供清晰照片，真实、清楚反映现场检查工作。

（二）照片应在A4纸上按检查环节打印或粘贴，完整反映首次会议、实地检查、随机访问、查阅文件（记录）、总结会等环节，并覆盖产地环境调查，生产投入品，申请产品生产、加工、仓储，管理层沟通等关键环节。

（三）照片应体现申请人名称，明确标示检查时间、检查员信息、检查场所、检查内容等。

【解读】

第三十四条规定了现场检查照片的内容和要求。现场检查照片应真实、清楚地反映检查员的工作。现场检查照片应完整反映首次会议、实地检查、随机访问、查阅文件（记录）、末次会议等环节，覆盖产地环境调查，生产投入品，申请产品生产、加工、仓储，管理层沟通等关键环节。现场检查照片应在A4纸上打印或粘贴，每张照片空白处注释检查时间、检查员信息、检查场所、检查内容等。检查员应与现场检查报告中人员一致。

2020年10月20日，检查员王书强（右一），智学斌（右二）检查企业档案记录

图3-30 现场检查照片示例

【示例】

现场检查照片示例见图3-30。

（四）环境和产品检验材料审查

【条文】

第三十六条　绿色食品产地环境和产品检验应由绿色食品定点检测机构按照授权业务范围组织实施。涉及境外检测的，检验报告可由国际认可并经中心确认的检测机构出具。检测工作和出具报告时限应符合《绿色食品标志管理办法》第十三条规定。

【解读】

绿色食品定点检测机构，指具有相应的检验检测资质和技术能力，经中国绿色食品发展中心考核认定，承担绿色食品检测工作任务的检验检测机构。检测机构接受申请人委托后，应当分别依据《绿色食品　产地环境调查、监测与评价规范》（NY/T 1054）和《绿色食品　产品抽样准则》（NY/T 896）及时安排现场抽样，并自环境抽样之日起30个工作日内、产品抽样之日起20个工作日内完成检测工作，出具《环境质量监测报告》和《产品检验报告》，发送省级工作机构和申请人。

目前，绿色食品定点检测机构共92家，可通过"中国绿色食品发展中心"网站查询"定点监测机构"，网址为http://www.greenfood.agri.cn/。

【条文】

第三十七条　检验报告

（一）环境和产品检验报告应为原件。同一品种的产品，每个产品应提供一份产品检验报告；同类多品种产品应按照《绿色食品　产品抽样准则》（NY/T 896）要求提供产品检验报告；同类分割肉产品（畜禽、水产）应至少提供一份绿色食品定点检测机构出具的全项产品检验报告，如存在非共同项，应加检相应项目。

（二）报告封面应有检测单位盖章、检验专用章及CMA专用章，受检（委托）单位、受检产品应与申请材料一致。全部报告页应加盖骑缝章；报告应有编制、审核、批准签发人签名和签发日期。

（三）报告栏目应至少包括序号（编号）、采样单编号、检验项目、标准要求、检测结果及检出限、检验方法、单项判定、检验结论等。环境检验报告还应包括单项污染指数（P_i）和综合污染指数（$P_综$）。

（四）检测项目及标准值应严格执行对应标准中的项目和指标要求，不得随意减少检测项目或更改标准值。如绿色食品标准中引用的标准已作废，且无替代标准时，相关指标可不作检测，但应在检验报告备注栏中注明。

（五）检验结论表述应符合《农业部产品质量监督检验测试机构审查认可评审细则》第八十一条释义的要求，备注栏不得填写"仅对来样负责"等描述。判定依据应为现行有效绿色食品标准。未经中心批准对申请人环境或产品重复抽样的，检验报告无效。

环境检验报告应对环境质量做出综合评价，结论应表述为："××××（申请人名称）申请的××××区域（应明确生产区域内全部基地村）××××万亩（基地面积应满足生产规模）产地环境质量符合/不符合NY/T 391—20××《绿色食品产地环境质量》的相关要求，适宜/不适宜发展绿色食品"。

产品检验结果判定和复检应符合《绿色食品　产品检验规则》

（NY/T 1055）要求，结论应表述为："该批次产品检验结果符合/不符合NY/T××××—20××《绿色食品　××××》要求"。

（六）检验报告的修改或变更应符合《农业部产品质量监督检验测试机构审查认可评审细则》第八十四条释义和《检验检测机构资质认定能力评价　食品检验机构要求》（RB/T 215）的要求，报告应注以唯一性标识，并作出相应说明。

（七）分包检测应符合国家和中心的相关规定。

【解读】

第三十七条规定了绿色食品产地环境和产品检验报告的审查内容和要求，主要包括以下六方面。

1. 关于报告有效性的审查

环境和产品检验报告应为原件，复印件无效，作为环境背景值的环境报告可提供复印件。检验报告中要有批准、审核、制表人的签字和签发日期，检测报告封面加盖机构公章，检测结论加盖检测机构检验专用印章，是检验报告合法有效的必要条件；骑缝章是保证报告不被修改的措施。

原则上一个产品对应一份产品检验报告。同类多品种产品应按《绿色食品　产品抽样准则》（NY/T 896）提供检验报告。同类多品种产品，是指同一生产单位生产的主原料相同、具有不同规格、形态或风味的系列产品，主要分为以下4类。① 主辅原料相同，加工工艺相同，净含量、型号规格或包装不同的系列产品。包括商品名称相同，商标名称不同；商品名称相同，净含量不同；商品名称相同，规格不同（如不同酒精度的白酒、葡萄酒或啤酒，不同原果汁含量的果汁饮料等）；商品名称相同，包装不同（如饮料的软包装、罐装、瓶装等）；商品名称不同（如名称不同的大米、名称不同的红茶、名称不同的绿茶、不同部位的分割畜禽产品等）

的同类产品。②主原料相同，产品形态、加工工艺不同的系列产品。包括不同加工精度（如不同等级的小麦特一粉、特二粉、标准粉、饺子粉等）、不同规格（如玉米粉、玉米粒、玉米渣等）、不同形态（如白糖类的白砂糖、方糖、单晶糖、多晶糖等）的同类产品。③主原料相同，加工工艺相同，营养或功能强化辅料不同（如加入不同营养强化剂的巴氏杀菌乳、灭菌乳或乳粉等）的同类产品。④主原料和加工工艺相同，调味辅料不同，但调味辅料总量不超过产品成分5%（如不同滋味的泡菜、酱腌菜、豆腐干、肉干、锅巴、冰激凌等）的同类产品。

同类多品种产品抽样只适用于产品申报检验抽样。同类多品种产品的品种数量至多为5个，若超过5个，则每1~5个为一组同类多品种产品。同类多品种产品在抽样和检验时应明确该产品属同类多品种产品。抽样时，选取同类多品种产品中净含量最小、最低型号规格、最低包装成本、最基本的加工工艺或最基本配方的产品为全量样品，按标准进行全项目检验，其余的产品每个各抽全量样品的1/4~1/3，作非共同项目检验。

同类分割肉产品不受产品数限制，只需提供一份全项产品检验报告。如存在非共同项，应加检相应项目。

2. 关于报告形式审查

检验报告应采用法定计量单位，检验报告信息应全面，特别是采用方法和对检验结果予以说明的信息，如果检验报告中含有分包方的检验结果，则应标明，必要时可以详细说明，格式和内容应符合有关法律法规的规定。

3. 关于报告中检验项目的审查

检验依据标准应引用最新绿色食品相关准则和产品标准，检验项目和标准值表述准确、清晰，与依据标准保持一致，不得随意增加、减少或更改检验项目。检验结果应根据实际检测情况填写，结果与标准值相等时，检测结果应多保留一位有效数字，无检测标准，相关指标可不作检测，在检验报告备注栏中予以注明。

4.关于报告检验结论的审查

绿色食品定点检测机构按申请人委托任务确定检测依据，进行符合性判定。因此无论是全项检验报告或非全项检验报告，均应在检验结论中对其符合与否情况予以说明，应对所抽的批次负责。

检验结果应符合《绿色食品　产品检验规则》（NY/T 1055）中有关条款要求。

（1）检测结果全部合格时则判该批产品合格。包装、标志、标签、净含量等项目有2项（含）以上不合格时则判该批产品不合格，如有1项不符合要求，可重新抽样对以上项目复检，以复检结果为准。其他任何一项指标不合格则判该批产品不合格。

（2）当更新的国家产品标准和限量标准严于现行绿色食品标准时，按更新的国家标准执行；现行绿色食品标准严于或等同于更新的国家标准，则仍按现行绿色食品标准执行。

（3）检验机构在检验报告中对每个项目均要做出"合格"或"不合格"的单项判定；对被检产品应做出"合格"或"不合格"的综合判定。

复检应符合《中国绿色食品发展中心关于严格执行绿色食品产地环境采样与产品抽样等相关标准的通知》（中绿科〔2016〕110号）要求。严禁组织多次重复采样，检测中当受检企业对环境质量或产品检测结果发生异议时，可以自收到检测结果之日起5日内向中国绿色食品发展中心提出复检。产品复检还应符合《绿色食品产品检验规则》（NY/T 1055）要求，凡属微生物学项目不合格的产品不接受复检。如不合格检测项目性质不稳定，也不接受复检。

5.关于报告变更情况的审查

对已发出的检验报告如需修改或者补充，应另发一份题为《对编号××检验报告的补充（或更正）》的检验报告；当发现诸如检验仪器设备有缺陷等情况，而对检验报告所给出的结果的有效性产生怀疑时，质检机构应分析原因，同时应严格按照检测机构内部质量管理体系程序，保留过程记录便于查阅，检测机构应出具修改或重新出具报告的原因书面说明，并加盖检测机构公章。

6.关于分包检测的审查

需分包检验检测项目时，检验检测机构按检验分包程序实施分包，应分包给依法取得绿色食品检验检测机构资质认定并有能力完成分包项目的检验检测机构，具体分包的检验检测项目应当事先取得中国绿色食品发展中心书面同意，并在检验检测报告或证书中清晰标明分包情况。检验检测机构应要求承担分包的检验检测机构提供合法的检验检测报告，并予以使用和保存。

【示例】

环境检验报告示例见图3-31，产品检验报告示例见图3-32。

图 3-31　环境检验报告示例

报告 1（第1页 共6页）

CTI 华测检测

绿色食品 产地环境检验检测报告

NO. A2200321242101　　　　　　　第1页 共6页

受检单位	沁阳市仙湾果业专业合作社	检测类别	委托检测
采样地点	详见检验检测结果报告书	检测目的	绿色食品认证
样品种类 及数量	土壤：3个 环境空气：32个 农田灌溉水：1个	委托日期	2020 年 09 月 11 日
认定产品 名称	桃、葡萄、梨	采样日期	土壤、农田灌溉水： 2020 年 09 月 12 日 环境空气：2020 年 09 月 11 日 -2020 年 09 月 12 日
检测依据	NY/T 391-2013 《绿色食品 产地环境质量》 NY/T 1054-2013 《绿色食品产地环境调查、监测与评价规范》	检测项目	土壤：pH、有机质等 12 项 环境空气：总悬浮颗粒物、 氟化物、二氧化硫、二氧化氮 农田灌溉水：pH、总汞等 9 项
主要仪器	原子荧光光度计 原子吸收分光光度计等	实验 环境条件	符合要求
检测结论	沁阳市仙湾果业专业合作社申请的河南省焦作市沁阳市紫陵镇紫陵村区域的0.06 万亩桃、葡萄、梨产地环境质量符合《绿色食品 产地环境质量》（NY/T 391-2013）的相关要求，适合发展绿色食品。		
备注			

批准：关玄江　审核：张斌　制表：春清

河南华测检测技术有限公司

签发日期：2020 年 10 月 28 日

报告 2（第2页 共6页）

CTI 华测检测

检验检测结果报告书

NO. A2200321242101　　　　　　　第2页 共6页

土壤环境质量要求

样品类型	土壤 采样地点及采样深度	样品数量	3个		判定依据		NY/T 391-2013	
样品编号		检测项目	标准值	检测结果	Pi	单项判定	Pa 等级	检测方法
XH-20200912-T001	河南省焦作市沁阳市紫陵镇紫陵村（园地） 0-40cm N：35°11'10'' E：112°47'38''	pH	6.5-7.5	7.4	/	/	0.72 清洁	NY/T 1377-2007
		总镉，mg/kg	≥0.30	0.21	0.70	合格		GB/T 17141-1997
		总汞，mg/kg	≥0.30	0.069	0.23	合格		GB/T 22105-1-2008
		总砷，mg/kg	≤20	14.5	0.72	合格		GB/T 22105-2-2008
		总铅，mg/kg	≤50	43.5	0.87	合格		GB/T 17141-1997
		总铬，mg/kg	≤120	58	0.48	合格		HJ 491-2019
		总铜，mg/kg	≤120	28	0.23	合格		HJ 491-2019
XH-20200912-T002	河南省焦作市沁阳市紫陵镇紫陵村（园地） 0-40cm N：35°11'05'' E：112°47'41''	pH	>7.5	7.6	/	/	0.66 清洁	NY/T 1377-2007
		总镉，mg/kg	≥0.40	0.15	0.38	合格		GB/T 17141-1997
		总汞，mg/kg	≥0.35	0.088	0.17	合格		GB/T 22105-1-2008
		总砷，mg/kg	≤20	14.1	0.71	合格		GB/T 22105-2-2008
		总铅，mg/kg	≤50	39.8	0.80	合格		GB/T 17141-1997
		总铬，mg/kg	≤120	64	0.53	合格		HJ 491-2019
		总铜，mg/kg	≤120	34	0.28	合格		HJ 491-2019
XH-20200912-T003	河南省焦作市沁阳市紫陵镇紫陵村（园地） 0-40cm N：35°11'05'' E：112°47'44''	pH	>7.5	7.8	/	/	0.80 清洁	NY/T 1377-2007
		总镉，mg/kg	≥0.40	0.22	0.55	合格		GB/T 17141-1997
		总汞，mg/kg	≥0.35	0.0864	0.25	合格		GB/T 22105-1-2008
		总砷，mg/kg	≤20	48.4	0.97	合格		GB/T 17141-1997
		总铅，mg/kg	≤50	58	0.48	合格		HJ 491-2019
		总铬，mg/kg	≤120	68	0.57	合格		HJ 491-2019

以下空白

备注：1. Pi 表示单项污染指数，限量指标为≤1，如果有一项 Pi 大于 1，表明该生产地环境不符合标准要求，不适宜发展绿色食品。
2. Pa 表示土壤综合污染指数，Pa≤0.7，土壤质量等级为清洁；0.7<Pa≤1.0，土壤质量等级为尚清洁。

河南华测检测技术有限公司

报告 3（第3页 共6页）

CTI 华测检测

检验检测结果报告书

NO. A2200321242101　　　　　　　第3页 共6页

土壤肥力要求

样品类型	土壤 采样地点及采样深度	样品数量	3个		判定依据	NY/T 391-2013
样品编号		检测项目	标准值	检测结果	肥力等级	检测方法
XH-20200912-T001	河南省焦作市沁阳市紫陵镇紫陵村（采样深度：0-40cm） 地理坐标： N：35°11'10'' E：112°47'38''	有机质，g/kg	>20	38.1	I	NY/T 1121.6-2006
		全氮，g/kg	>1.0	2.14	I	NY/T 53-1987
		有效磷，mg/kg	>10	15.8	I	LY/T 1232-2015
		速效钾，mg/kg	>100	562	I	LY/T 1234-2015
		阳离子交换量，cmol (+) /kg	15-20	15.5	II	LY/T 1243-1999
XH-20200912-T002	河南省焦作市沁阳市紫陵镇紫陵村（采样深度：0-40cm） 地理坐标： N：35°11'05'' E：112°47'41''	有机质，g/kg	>20	27.3	I	NY/T 1121.6-2006
		全氮，g/kg	>1.0	1.63	I	NY/T 53-1987
		有效磷，mg/kg	>10	16.0	I	LY/T 1232-2015
		速效钾，mg/kg	>100	408	I	LY/T 1234-2015
		阳离子交换量，cmol /kg	15-20	15.8	II	LY/T 1243-1999
XH-20200912-T003	河南省焦作市沁阳市紫陵镇紫陵村（园地） 0-40cm 地理坐标： N：35°11'05'' E：112°47'44''	有机质，g/kg	>20	31.8	I	NY/T 1121.6-2006
		全氮，g/kg	>1.0	1.91	I	NY/T 53-1987
		有效磷，mg/kg	>10	23.0	I	LY/T 1232-2015
		速效钾，mg/kg	>100	869	I	LY/T 1234-2015
		阳离子交换量，cmol /kg	<15	13.0	III	LY/T 1243-1999

以下空白

河南华测检测技术有限公司

报告 4（第4页 共6页）

CTI 华测检测

检验检测结果报告书

NO. A2200321242101　　　　　　　第4页 共6页

农田灌溉水质要求

样品类型	农田灌溉水 采样地点	样品数量	1个		判定依据		NY/T 391-2013	
样品编号		检测项目	标准值	检测结果	Pi	单项判定	Pa 等级	检测方法
XH-20200912-SH001	河南省焦作市沁阳市紫陵镇紫陵村 地理坐标： N：35°11'06'' E：112°47'41''	pH	5.5-8.5	8.2)	0.81	合格	0.58 尚清洁	GB/T 6920-1986
		总汞，mg/L	≤0.001	未检出（<0.00006）	0.03	合格		HJ 597-2011
		总镉，mg/L	≤0.005	未检出（<0.001）	0.10	合格		GB/T 7475-1987
		总砷，mg/L	≥0.05	未检出（<0.007）	0.07	合格		GB/T 7485-1987
		总铅，mg/L	≤0.1	未检出（<0.01）	0.05	合格		GB/T 7475-1987
		六价铬，mg/L	≤0.1	未检出（<0.004）	0.02	合格		GB/T 7467-1987
		氟化物，mg/L	≤2.0	0.14	0.07	合格		GB/T 7484-1987
		化学需氧量（CODcr），mg/L	≤60	18	0.30	合格		HJ 828-2017
		石油类，mg/L	≤1.0	0.05	0.05	合格		HJ 970-2018

以下空白

备注：1. Pi 表示单项污染指数，限量指标为≤1，如果某一项 Pi 大于 1，表明该生产地环境不符合标准要求，不适宜发展绿色食品。
2. Pa 表示水质综合污染指数，Pa≤0.5，水质质量等级为清洁；0.5<Pa≤1.0，水质质量等级为尚清洁。
3. 有检出的未检出项目按检出量低检出限一半评价。

河南华测检测技术有限公司

图 3-31（续）

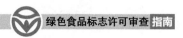

CTI 华测检测

检验检测结果报告书

NO. A2200321242101　　　　　第5页 共6页

空气质量要求

样品类型	空气	样品数量	16个	判定依据	NY/T 391-2013
采样时间	2020.09.11	采样地点		河南省焦作市沁阳市紫陵镇紫陵村 N35°11′08″ E112°47′18″	

样品编号	检测项目	取样时间	标准值	检测结果	PI	单项判定	P值	等级	检测方法
ZZM91177 001/005 /009/013	总悬浮颗粒物, mg/m³	08:00~09:00		0.150	/	/	0.23	清洁	GB/T 15432-1995
		10:00~11:00		0.083	/	/			
		13:00~14:00		0.117	/	/			
		17:00~18:00		0.200	/	/			
		日平均	≤0.30	0.138	0.46	合格			
ZZM91177 002/006 /010/014	二氧化硫, mg/m³	08:00~09:00	≤0.50	0.019	0.03	合格			HJ 482-2009
		10:00~11:00	≤0.50	0.013	0.03	合格			
		13:00~14:00	≤0.50	0.015	0.03	合格			
		17:00~18:00	≤0.50	0.020	0.04	合格			
		日平均	≤0.15	0.016	0.11	合格			
ZZM91177 003/007 /011/015	二氧化氮, mg/m³	08:00~09:00	≤0.20	0.018	0.09	合格			HJ 479-2009
		10:00~11:00	≤0.20	0.018	0.09	合格			
		13:00~14:00	≤0.20	0.020	0.09	合格			
		17:00~18:00	≤0.20	0.016	0.08	合格			
		日平均	≤0.08	0.015	0.20	合格			
ZZM91177 004/008 /012/016	氟化物, μg/m³	08:00~09:00	≤20	1.7	0.08	合格			HJ 955-2018
		10:00~11:00	≤20	1.8	0.09	合格			
		13:00~14:00	≤20	1.6	0.08	合格			
		17:00~18:00	≤20	1.7	0.08	合格			
		日平均	≤20	1.7	0.24	合格			

以下空白

备注：1.日平均指任何一日的平均指标。
2.PI表示单项污染指数，限量指标为≤1。
3.P值表示空气综合污染指数，P值≤0.6，空气质量等级为清洁，0.6<P值≤1.0，空气质量等级为尚清洁。

河南华测检测技术有限公司

CTI 华测检测

检验检测结果报告书

NO. A2200321242101　　　　　第6页 共6页

空气质量要求

样品类型	空气	样品数量	16个	判定依据	NY/T 391-2013
采样时间	2020.09.12	采样地点		河南省焦作市沁阳市紫陵镇紫陵村 N35°11′08″ E112°47′18″	

样品编号	检测项目	取样时间	标准值	检测结果	PI	单项判定	P值	等级	检测方法
ZZM91177 020/024 /028/032	总悬浮颗粒物, mg/m³	08:00~09:00		0.183	/	/	0.27	清洁	GB/T 15432-1995
		10:00~11:00		0.200	/	/			
		13:00~14:00		0.150	/	/			
		17:00~18:00		0.200	/	/			
		日平均	≤0.30	0.183	0.61	合格			
ZZM91177 021/025 /029/033	二氧化硫, mg/m³	08:00~09:00	≤0.50	0.015	0.03	合格			HJ 482-2009
		10:00~11:00	≤0.50	0.018	0.04	合格			
		13:00~14:00	≤0.50	0.014	0.03	合格			
		17:00~18:00	≤0.50	0.016	0.03	合格			
		日平均	≤0.15	0.016	0.11	合格			
ZZM91177 022/026 /030/034	二氧化氮, mg/m³	08:00~09:00	≤0.20	0.010	0.05	合格			HJ 479-2009
		10:00~11:00	≤0.20	0.012	0.06	合格			
		13:00~14:00	≤0.20	0.012	0.06	合格			
		17:00~18:00	≤0.20	0.013	0.06	合格			
		日平均	≤0.08	0.015	0.19	合格			
ZZM91177 023/027 /031/035	氟化物, μg/m³	08:00~09:00	≤20	1.9	0.10	合格			HJ 955-2018
		10:00~11:00	≤20	1.7	0.08	合格			
		13:00~14:00	≤20	1.7	0.08	合格			
		17:00~18:00	≤20	1.6	0.08	合格			
		日平均	≤20	1.7	0.23	合格			

以下空白

备注：1.日平均指任何一日的平均指标。
2.PI表示单项污染指数，限量指标为≤1。
3.P值表示空气综合污染指数，P值≤0.6，空气质量等级为清洁，0.6<P值≤1.0，空气质量等级为尚清洁。

河南华测检测技术有限公司

图 3-31 （续）

CTI 华测检测

IMA
161600140349
有效期至2022年1月11日

NO. A2200325271101001C

检 验 报 告

样品名称	桃
受检单位	沁阳市仙鸿果业专业合作社
检验类别	委托检验

河南华测检测技术有限公司

CTI 华测检测

河南华测检测技术有限公司

检 验 报 告

NO.　A2200325271101001C　　　　共3页第1页

产（样）品名称	桃	型号/规格	散装称重
		商 标	仙鸿+拼音+图形
受检单位	沁阳市仙鸿果业专业合作社	检验类别	委托检验
受检单位地址	沁阳市紫陵镇紫陵村		
生产单位	沁阳市仙鸿果业专业合作社	样品等级、状态	新鲜、完整、固体
抽样地点	生产基地	抽样日期	2020 年 09 月 12 日
样品数量	4kg	抽 样 人	白冰、茹子伟
抽样基数	1700kg	原编号或生产日期	XH-20200912-001 2020 年 09 月 12 日
检验依据	NY/T 844-2017《绿色食品 温带水果》	检验项目	详见检验结果报告书
所用主要仪器	气相色谱仪等	实验环境	送样的条件（温度27.5℃，湿度62%）
检验结论	该批次产品经检验符合 NY/T 844-2017《绿色食品 温带水果》的要求。 （检验检测专用章） 签发日期：2020 年 09 月 29 日		
备注	—		

批准：吴志江　　审核：耿斌　　制表：邓书青

图 3-32　产品检验报告示例

CTI 华测检测

河南华测检测技术有限公司

检 验 结 果 报 告 书

NO. A2200325271101001C 共3页第2页

序号	检验项目/单位	标准值	检验值	单项判定	检验方法
1	果实外观	具有本品种固有的形状和成熟时应有的特征色泽；果实完整，果形端正，整齐度好，无裂果及畸形果；新鲜清洁，无可见异物；无霉（腐）烂、无冻伤及机械损伤；无不正常外来水分	具有本品种固有的形状和成熟时应有的特征色泽；果实完整，果形端正，整齐度好，无裂果及畸形果；新鲜清洁，无可见异物；无霉烂、无冻伤及机械损伤；无不正常外来水分	合格	NY/T 844-2017 4.3
2	病虫害	无病果、虫果，无病斑，果肉无褐变	无病果、虫果、无病斑，果肉无褐变	合格	NY/T 844-2017 4.3
3	气味和滋味	具有本品种正常的气味和滋味，无异味	具有本品种正常的气味和滋味，无异味	合格	NY/T 844-2017 4.3
4	成熟度	发育充分、正常，具有适合市场或储存要求的成熟度	发育充分、正常，具有适合市场要求的成熟度	合格	NY/T 844-2017 4.3
5	可溶性固形物，%	≥10.0	14.8	合格	NY/T 2637-2014
6	可滴定酸，%	≤0.6	0.42	合格	NY/T 839-2004 B.2
7	氧乐果，mg/kg	≤0.01	未检出（<0.01*）	合格	GB 23200.113-2018
8	克百威，mg/kg	≤0.01	未检出（<0.01*）	合格	NY/T 761-2008 第3部分
9	敌敌畏，mg/kg	≤0.01	未检出（<0.01*）	合格	GB 23200.113-2018
10	溴氰菊酯，mg/kg	≤0.01	未检出（<0.001*）	合格	NY/T 761-2008 第2部分 方法二
11	氰戊菊酯，mg/kg	≤0.01	未检出（<0.002*）	合格	NY/T 761-2008 第2部分 方法二
12	苯醚甲环唑，mg/kg	≤0.01	未检出（<0.01*）	合格	GB 23200.113-2018
13	百菌清，mg/kg	≤0.01	未检出（<0.0003*）	合格	NY/T 761-2008 第2部分 方法二

CTI 华测检测

河南华测检测技术有限公司

检 验 结 果 报 告 书

NO. A2200325271101001C 共3页第3页

序号	检验项目/单位	标准值	检验值	单项判定	检验方法
14	氯氰菊酯，mg/kg	≤1	未检出（<0.003*）	合格	NY/T 761-2008 第2部分 方法二
15	氯氟氰菊酯，mg/kg	≤0.2	未检出（<0.0005*）	合格	NY/T 761-2008 第2部分 方法二
16	多菌灵，mg/kg	≤2	0.096	合格	GB/T 20769-2008
17	铅（以Pb计），mg/kg	≤0.1	未检出（<0.05*）	合格	GB 5009.12-2017 第二法
18	镉（以Cd计），mg/kg	≤0.05	未检出（<0.003*）	合格	GB 5009.15-2014
以下空白					

备注：1. "未检出"表示检测结果小于检出限；

2. *括号中为最低检出限。

*** 报告结束 ***

图3-32（续）

【条文】

第三十八条 环境和产品抽样

（一）环境采样地点应明确到村，布点、采样、监测项目和方法应符合《绿色食品 产地环境调查、监测与评价规范》（NY/T 1054）要求。

（二）产品抽样符合《绿色食品 产品抽样准则》（NY/T 896）要求，绿色食品抽样单填写完整，签字盖章齐全。抽样单应有编号，被抽单位及产品等信息应与检验报告中申请人信息一致。

（三）产品抽样可由检测机构委托当地工作机构实施。如委托抽样，应审查检测机构与检查员签订的委托抽样合同、检查员接受检测机构专业培训的证明，并向中心备案。

（四）环境布点采样应由检测机构专业人员完成。

（五）产品抽样应为当季申请产品。

【解读】

第三十八条规定了环境采样和产品抽样的审查内容和要求。环境采样应对照《绿色食品　产地环境调查、监测和评价规范》（NY/T 1054）、产品采样应对照《绿色食品　产品抽样准则》（NY/T 896）进行审查。

（1）采样地点应具体明确，空气、土壤、水质布点，以及采样方法、采样量应按照《绿色食品　产地环境调查、监测和评价规范》（NY/T 1054）对应条款审查。

（2）检测机构要建立完善的样品管理程序，保证抽样的科学性、公正性和可追溯性。抽样单信息要齐全、填写认真，抽样人和被抽检验单位审查无误后签字确认盖章。

（3）产品抽样人员的审查，可由检测机构或当地绿色食品工作机构检查员完成，应审查检测机构与检查员签订的委托抽样合同、抽样人员接受检测机构专业培训证明，并向中国绿色食品发展中心备案；环境检测布点采样应由检测机构专业人员完成，不得由其他人员代替。

（4）产品检测抽样应为申请当季生产的产品。

【示例】

抽样单示例见图3-33。

绿色/有机食品 抽样单

第一联 抽样单位

产品情况	产品名称	黄二白茶	样品编号	(绿)21401Z(IS)
	商标	安叶拼音	产品执行标准	NY/T 288
	证书编号	LB-44-18123119A	可追溯标识	/
	同类多品种产品	☑是 □否	型号规格	20g/袋
	生产日期或批号	2021.4.1	保质期	长期
	包装	☑有 □无	包装方式	袋装
	保存要求	☑常温 □冷冻 □冷藏		
抽样情况	抽样方法	NY/896	采样部位	
	抽样场所	☑生产基地 □加工厂（场） □屠宰场 □企业/成品库 □批发市场 □农贸市场 □超市 □其他		
	抽样数量	1袋	抽样基数	20kg
被抽单位情况	名称	安叶股份有限公司	法定代表人	邱兆顺
	通讯地址	指上化东西区某某镇某村某叶加工园区	邮编	苏州
	联系人	邱某	电话	传真 0571-
	E-mail	___com		
生产单位情况	□生产 □进货 单位名称	同上	法定代表人	
	通讯地址		邮编	
	联系人	电话	传真	
	E-mail			
抽样单位情况	名称	农业农村部茶叶质量监督检验测试中心		
	通讯地址	杭州市西湖区梅灵南路9号	邮编	310008
	联系人	电话 0571-86650124	传真	0571-86652004

被抽单位签署	本次抽样始终在本人陪同下完成，上述记录经核实无误 被抽单位代表（签字）： 被抽单位（盖章）： 年 9月27日	抽样单位签署	本次抽样已按要求执行完毕，样品经双方人员共同封样，并将记录经双方核实无误 抽样人1： 抽样人2： 抽样单位（盖章）： 年 9月27日

备注	样品封存时间：___年___月___日___时 样品送（运）达实验室的期限：___年___月___日___时

本单一式四联，第一联留样单位，第二联留被抽单位，第三联随同样品运转至检测机构，第四联交任务下达部门。

注：需要做选择的项目，在选中项目的"□"中打"√"

图3-33 抽样单示例

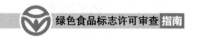

【条文】

> **第三十九条**　具备下列材料，可作为有效环境质量证明：
>
> （一）工作机构受理日前一年内的环境检验报告（背景值）原件或复印件。检验报告应由绿色食品定点检测机构或省、部级（含）以上检测机构出具，且符合绿色食品产地环境检测项目和质量要求。
>
> （二）工作机构受理日前三年内的绿色食品定点检测机构出具的符合绿色食品产地环境要求的区域性环境质量监测评价报告（以下简称"区域环评报告"）。报告原件由省级工作机构向中心备案。生产基地位于区域环评范围内的申请人应经省级工作机构确认并提供区域环评报告结论页复印件。

【解读】

第三十九条规定了可作为有效环境质量证明材料审查内容和要求。可作为有效环境质量证明的材料包括两种情况：一是以工作机构受理时间为准，一年以内符合绿色食品环境质量要求〔即符合《绿色食品　产地环境质量》（NY/T 391）〕的检验报告原件或复印件，报告可以由绿色食品定点检测机构出具，也可以由省部级以上检测机构出具。二是以工作机构受理时间为准，三年内的区域性环境质量监测评价报告，报告原件应由省级工作机构报备中国绿色食品发展中心，申请人应经省级工作机构确认其生产基地位于区域环评范围内，并提供区域环评报告结论页复印件。

【条文】

> **第四十条**　续展申请人可提供上一用标周期第三年度的全项抽检报告作为其同类系列产品的质量证明材料；非全项抽检报告仅可作为所检产品的质量证明材料。

【解读】

第四十条规定了续展申请人可作为有效产品质量证明的审查内容和要求。续展申请人提供的上一用标周期第三年度的全项抽检报告可作为其同类系列产品的质量证明材料；非全项抽检报告仅可作为所检产品的质量证明材料。

【条文】

第四十一条　如有以下情况，相关环境项目可免测：

（一）《绿色食品　产地环境质量》（NY/T 391）和《绿色食品　产地环境调查、监测与评价规范》（NY/T 1054）要求的情况。

（二）畜禽产品散养、放牧区域的土壤。

（三）蜂产品野生蜜源基地的土壤。

（四）续展申请人产地环境、范围、面积未发生改变，产地及其周边未增加新的污染源，影响产地环境质量的因素未发生变化，申请人提出申请，经检查员现场检查和省级工作机构确认后，其产地环境可免做抽样检测。

【解读】

第四十一条规定了环境质量免测条件的审查内容和要求。包括四类情况：一是《绿色食品　产地环境质量》（NY/T 391）和《绿色食品　产地环境调查、监测与评价规范》（NY/T 1054）规定的免测情况，产地周围5千米，主导风向的上风向20千米内无工矿污染源的种植业区，水产养殖业区、矿泉水等水源地和食用盐原料产区免测空气；灌溉水系天然降雨的作物，深海渔业、矿泉水水源免测水质，生活饮用水、饮用水水源、深井水（限饮用水产品的水源）免测水质；深海和网箱养殖区、食用盐原料产区、矿泉水水源、加工

业区土壤免测；二是畜禽产品散养、放牧区域的土壤；三是蜂产品
野生蜜源基地土壤免测；四是续展申请人经检查员现场检查和省级
工作机构确认后，其产地环境符合免检要求可免做抽样检测。

（五）工作机构材料审查

【条文】

> **第四十二条** 受理审查应重点审查申请人资质条件、申请
> 产品条件、申请人材料的完备性、真实性、合理性以及续展申
> 请的时效性。受理审查工作机构应客观、真实评价，并完成受
> 理审查报告。受理审查报告评价项目应与申请人的实际生产情
> 况相符；检查员应签字确认，落款日期应在申请日期之后。
>
> **第四十三条** 受理通知书应重点审查申请人名称与申请人
> 材料的一致性，对申请人材料合格与否的判定，审查意见不
> 合格的或需要补充的应用"不符合……""未规定……""未
> 提供……"等方式表达；受理审查工作机构盖章及落款日期应
> 齐全。

【解读】

第四十二条和第四十三条规定了受理审查工作的审查要求和
审查要点。受理审查工作机构应根据《绿色食品标志许可审查程
序》，按照本规范审查要求，对申请材料完成受理审查，形成受理
审查报告，并向申请人发送受理通知书。申请人材料齐备性重点审
查申请人是否按照申请材料清单以及本规范第十五条提交申请材
料，申请书、调查表是否按照要求填写完整；申请人材料真实性重
点审查营业执照、商标注册证、食品生产许可证等纸质证明文件以
及合同（协议）是否真实准确；申请人材料合理性重点审查质量控
制规范和生产操作规程是否可行有效。

【条文】

> **第四十四条** 初审工作应至少由一名省级工作机构检查员，或由省级工作机构组织的三名（含）以上检查员集中审核完成。对同一申请，参与现场检查的人员不能承担初审工作。

【解读】

第四十四条对承担初审工作的人员做出了规定。初审人员应至少由1名省级工作机构绿色食品检查员完成，如省级工作机构组织所在区域检查员开展集中审查，集中审查工作组人员不能少于3人，审查组意见作为初审检查员意见。为保证审查的客观性和公正性，对于同一申请，参与现场检查的人员不能再承担该申请的初审工作。

【条文】

> **第四十六条** 初审报告
>
> （一）应明确申请类型。
>
> （二）续展申请人、产品名称、商标和产量发生变化的应备注说明。
>
> （三）申请书、产品调查表和现场检查报告中产量不一致时，以现场检查报告产量为准。
>
> （四）初审报告应由检查员和工作机构主要或分管负责人分别出具审查意见，亲笔签字后加盖省级工作机构公章。
>
> （五）检查员意见应表述为："经审查，××××（申请人）申请的××××（申请产品）等产品，其产地环境、生产过程、产品质量符合/不符合绿色食品相关标准要求，申请材料完备有效"。
>
> （六）省级工作机构初审意见应表述为："初审合格/不合格，同意/不同意报送中心"或"同意/不同意续展"。

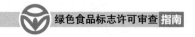

【解读】

第四十六条规定了初审报告的填写和审查要求，规范了检查员和省级工作机构意见的表述。

绿色食品申报类型分为三大类，不同的申报类型其申报条件和需提供的申报材料是不同的，明确申报类型有助于审查工作的顺利进行。

申请人名称、产品名称、商标名称和产量等信息将载入绿色食品证书，因此要严格审查确认，保证信息前后一致，准确无误。申请人、调查表填写的申报产品产量均为申请人的预估产量，而现场检查报告产量是检查员根据现场勘察，结合申请人的生产能力与基地的实际情况进行相对科学判定的结果，这一结果更符合实际。

【示例】

初审报告示例见图3-34。

绿色食品
省级工作机构初审报告

初次申请 ☑　续展申请□　增报申请□

中国绿色食品发展中心

表一　申请产品清单

申请人	███山██杜█████种植专业合作社		
产品名称	商　标	产量（吨）	备注
纽荷尔脐橙（鲜果）	滇东顺江＋图形牌	2 000	

图3-34　初审报告

CGFDC-JG-05/2019

表二 初审意见

序号	项目	审查内容	符合性	备注
1	受理	满足受理要求	是	
2	申报材料	完整齐备	是	
		真实准确	是	
3	预包装食品标签	产品是否有预包装食品标签	是	
		预包装食品标签设计样张符合 NY/T658 要求	是	
		绿色食品标志设计(或使用情况)符合相关规范要求	是	
4	现场检查	检查员资质符合要求	是	
		在产品生产季节	是	
		检查员按时提交检查报告	是	
		检查报告填写完整、规范,现场检查评价客观公正、符合真实情况	是	
		现场检查照片清晰、环节齐全	是	
		会议签到表信息齐全	是	
		食品添加剂使用符合《绿色食品 食品添加剂使用准则》(NY/T392)要求	/	
		农药使用符合《绿色食品农药使用准则》(NY/T393)要求	是	
		肥料使用符合《绿色食品 肥料使用准则》(NY/T394)要求	是	
		畜禽饲料及饲料添加剂符合《绿色食品饲料及饲料添加剂使用准则》(NY/T471)要求	/	
		兽药使用符合《绿色食品 兽药使用准则》(NY/T472)要求	/	
		渔药使用符合《绿色食品 渔药使用准则》(NY/T755)要求	/	
		渔业饲料及饲料添加剂符合《绿色食品饲料及饲料添加剂使用准则》(NY/T 471)要求	/	

CGFDC-JG-05/2019

5	环境质量	环境监测时限符合《绿色食品标志许可审查程序》要求	是	
		环境调查和环境质量符合《绿色食品 产地环境质量》(NY/T 391)和《绿色食品 产地环境调查、检测与评价规范》(NY/T 1054)相关要求	是	
6	产品质量	产品检测时限符合《绿色食品标志许可审查程序》要求	是	
		产品抽样符合《绿色食品 产品抽样准则》(NY/T896)相关要求	是	
		产品检验与产品质量符合相关要求	是	
7	上一周期标志与原料使用	是否使用绿色食品标志,标志使用是否规范	/	
		绿色食品原料使用是否满足实际生产需要	/	

检查员意见	经审查,永善白胜优质脐橙种植专业合作社申请的纽荷尔脐橙产品,其产地环境、生产过程、产品质量符合绿色食品相关准则要求,申请材料完备有效。 检查员(签字)王祥军 2022 年 3 月 4 日
省级工作机构初审意见	初审合格,同意报送中心 负责人(签字)戎林川

注:本表符合项填写"是",不符合项填写"否",不涉及项填写"/"。初审后,绿色食品标志使用申请书一份,省级工作机构各一份。

图 3-34 (续)

【条文】

　　第四十七条 续展申请的初审和综合审查合并完成,中心以省级工作机构续展审查意见作为续展备案的依据。续展申请初审应重点审查续展材料的完备性、符合性和时效性。逾期未提交中心或缺少检验报告等关键申请材料的,中心不予续展备案。

【解读】

　　第四十七条是对续展申请初审工作的规定。续展申请的初审和综合审查合并进行,省级工作机构应在绿色食品证书有效期前25个工作日完成初审（综合审查），将审查合格的续展申请材料原件报送中国绿色食品发展中心，同时完成网上报送。中国绿色食品发展中心以《绿色食品省级工作机构初审报告》作为续展决定依据，逾期未能报送中国绿色食品发展中心的，不予续展。

中国绿色食品发展中心根据当年应续展情况，抽取10%完成初审的续展申请材料进行综合审查，中国绿色食品发展中心审查意见与省级工作机构审查意见不一致时，以中国绿色食品发展中心审查意见为准。

审查意见处理方式与初次申请综合审查相同，分为以下几种情况：一是需要进一步完善的，续展申请人应在《绿色食品审查意见通知书》规定的时限内补充相关材料，逾期视为放弃续展；二是需要现场核查的，由中国绿色食品发展中心委派检查组现场核查并提出核查意见；三是合格的，准予续展；四是不合格的，不予续展，中国绿色食品发展中心将不予续展的《绿色食品标志许可审查意见通知书》通知省级工作机构，并由省级工作机构及时通知申请人。

（六）总公司及其子公司、分公司的申请和审查

【条文】

第四十八条 总公司或子公司可独立作为申请人向其注册所在地受理审查工作机构提出申请，分公司不可独立作为申请人单独提出申请。

【解读】

第四十八条对申请人为总公司及其子公司、分公司的申报资格做出了规定。根据《中华人民共和国公司法》规定，总公司与子公司均具有法人资格，能够依法独立承担民事责任，而分公司不具有法人资格，不能独立承担民事责任，其民事责任由总公司承担。依据《绿色食品标志管理办法》第十条对申请人应具备能够独立承担

民事责任条件的要求，总公司或子公司可以独立作为申请人申报绿色食品，分公司资质不符，不可独立作为申请人申报绿色食品。

分公司与子公司不可简单地从公司名称上进行区分界定，具体可以查看营业执照是负责人还是法定代表人，分公司营业执照上面是负责人，子公司营业执照上面是法定代表人。

【示例】

图3-35营业执照显示为法定代表人，具有独立法人资格，能够依法独立承担民事责任，可以独立作为申请人申报绿色食品。

图3-36营业执照显示为负责人，应为总公司的一个分公司，其不能独立承担民事责任，因此不可独立作为申请人申报绿色食品。分公司的民事责任由总公司承担，分公司申报绿色食品，需以"总公司+分公司"作为申请人申报绿色食品。

图 3-35　有独立法人资格的营业执照示例　　图 3-36　分公司的营业执照示例

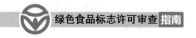

【条文】

> **第四十九条** "总公司+分公司"作为申请人。总公司与分公司在同一行政区域的，应由"总公司+分公司"向其注册所在地受理审查工作机构提交申请材料；总公司与分公司不在同一行政区域的，应由分公司向其注册所在地受理审查工作机构提交申请材料；总公司和分公司应同时在申请材料上加盖公章。
>
> **第五十条** 总公司作为统一申请人，子公司或分公司作为其生产场所，总公司应与其子公司或分公司签订委托生产合同（协议），由总公司向其注册所在地受理审查工作机构提交申请材料。总公司与子公司或分公司不在同一行政区域的，由总公司注册所在地省级工作机构协调组织实施现场检查，也可由中心统一协调制定现场检查计划并组织实施。若同一申请产品由多家子公司或分公司生产，应分别检测产地环境和产品。

【解读】

第四十九条和第五十条规定了涉及总公司申请绿色食品的受理和审查机构。第四十九条是关于"总公司"和"分公司"作为联合申请人的情况，根据公司注册地所属地区提交申请，如总公司和分公司注册地在同一省（区、市）的，由所属区域绿色食品工作机构受理和审查；如总公司和分公司注册地不在同一省（区、市）的，由分公司所属区域绿色食品工作机构受理和审查。

第五十条是关于总公司作为统一申请人的情况，应根据总公司注册地所属区域提交申请。子公司或分公司仅作为其生产场所，如与总公司不在同一省（区、市），由总公司所在地省级工作机构向中国绿色食品发展中心提交现场检查申请，中国绿色食品发展中心统一协调现场检查计划并组织实施。

【条文】

> **第五十一条** 总公司名义统一申请绿色食品，子公司或分公司作为总公司被委托方的，如需与总公司使用统一包装，可在包装上统一使用总公司的绿色食品企业信息码，同时标示总公司和子公司或分公司名称，并区分不同的生产商。
>
> **第五十二条** 总公司与子公司分别申请绿色食品的，如需使用统一包装，在绿色食品标志图形、文字下方可不标注绿色食品企业信息码，但应在包装上的其他位置同时标示总公司和子公司名称及其绿色食品企业信息码，并区分不同的生产商。

【解读】

第五十一条和第五十二条对总公司获证后如何在包装上标示绿色食品企业信息码做出了规定。综合审查需根据上述条款规定对申请人的预包装标签设计样稿进行审查。

以总公司名义统一申报绿色食品，子公司或分公司作为总公司的受委托方，与总公司使用统一的包装，包装上绿色食品标志图形、文字设计应符合最新版《中国绿色食品商标标志设计使用规范手册》要求，统一使用总公司的绿色食品企业信息码，生产商应同时标注总公司和子公司或分公司的名称，其预包装标签设计如图3-37、图3-38。

总公司与子公司分别申报绿色食品，如需使用统一的包装，包装上绿色食品标志图形、文字设计应符合《中国绿色食品商标标志设计使用规范手册》最新版要求，在绿色食品标志图形、文字下方可不标注绿色食品企业信息码，而在包装上的其他位置同时标注总公司和子公司的具体名称及其绿色食品企业信息码，区分不同的生产商。预包装标签设计如图3-39、图3-40。

产品名称	水煮笋干
配料表	笋、水、食品添加剂（柠檬酸）
净含量	300克
固形物	≥75%
质量等级	合格品
产品标准号	Q/JOFY0001S
产品类别	软包装水煮笋罐头
食品生产许可证编号	SC10935078300651
生产日期	见封口
保质期	12个月
贮存	阴凉干燥处,常温贮存

水煮笋干

营养成分表		
项目	每100克（g）	营养参考值%
能量	87千焦（kJ）	1%
蛋白质	1.1克（g）	2%
脂肪	0克（g）	0%
碳水化合物	4.0克（g）	1%
钠	0毫克（mg）	0%

食用方法：
开袋后请用清水漂掉，即可炒、炖、煮、火锅、做汤等，荤素皆宜。

注意：
1.如发现产品有胀袋或漏包，请勿食用，即与销售商联系调换。
2.产品请勿长时间受阳光照射，开封后如未食完请冷藏尽快食用。
3.在包装袋内或启开时出现：
· 白色析出物（即笋乳）是由笋体内草酸钙 析出而产生的白色沉淀。
· 在笋的根部出现青黑点是笋须，属正常现象，不影响品质。

6 924766 805287

××××××××总公司
××××××××总公司××子公司

净含量：300克
出品

图 3-37　总公司申报、子公司受委托生产产品的预包装标签示例

产品名称	水煮笋干
配料表	笋、水、食品添加剂（柠檬酸）
净含量	300克
固形物	≥75%
质量等级	合格品
产品标准号	Q/JOFY0001S
产品类别	软包装水煮笋罐头
食品生产许可证编号	SC10935078300651
生产日期	见封口
保质期	12个月
贮存	阴凉干燥处,常温贮存

水煮笋干

营养成分表		
项目	每100克（g）	营养参考值%
能量	87千焦（kJ）	1%
蛋白质	1.1克（g）	2%
脂肪	0克（g）	0%
碳水化合物	4.0克（g）	1%
钠	0毫克（mg）	0%

食用方法：
开袋后请用清水漂掉，即可炒、炖、煮、火锅、做汤等，荤素皆宜。

注意：
1.如发现产品有胀袋或漏包，请勿食用，即与销售商联系调换。
2.产品请勿长时间受阳光照射，开封后如未食完请冷藏尽快食用。
3.在包装袋内或启开时出现：
· 白色析出物（即笋乳）是由笋体内草酸钙 析出而产生的白色沉淀。
· 在笋的根部出现青黑点是笋须，属正常现象，不影响品质。

6 924766 805287

××××××××总公司
××××××××总公司××分公司

净含量：300克
出品

图 3-38　总公司申报、分公司受委托生产产品的预包装标签示例

产品名称	水煮笋干
配料表	笋、水、食品添加剂（柠檬酸）
净含量	300克
固形物	≥75%
质量等级	合格品
产品标准号	Q/JOFY0001S
产品类别	软包装水煮笋罐头
食品生产许可证编号	SC10935078300651
生产日期	见封口
保质期	12个月
贮存	阴凉干燥处,常温贮存
生产商	××××总公司 GF××××

营养成分表

项目	每100克（g）	营养素参考值%
能量	87千焦（kJ）	1%
蛋白质	1.1克（g）	2%
脂肪	0克（g）	0%
碳水化合物	40克（g）	1%
钠	0毫克（mg）	0%

食用方法：
开袋后请用清水漂洗，即可炒、炖、煮、火锅、做汤等，荤素皆宜。

注意：
1.如发现产品有胀袋或漏包，请勿食用，即与销售商联系调换。
2.产品请勿长时间受阳光照射，开封后如未食完请冷藏贮存快食用。
3.在包装袋内或刚开封时出现：
·白色析出物（即笋乳）是由笋体内草酸钙 析出而产生的白色沉淀。
·在笋的根部出现青黑点是笋须，属正常现象，不影响品质。

应是总公司绿色食品企业信息码

6 924766 805287

图 3-39　总公司申报、生产产品的预包装标签示例

产品名称	水煮笋干
配料表	笋、水、食品添加剂（柠檬酸）
净含量	300克
固形物	≥75%
质量等级	合格品
产品标准号	Q/JOFY0001S
产品类别	软包装水煮笋罐头
食品生产许可证编号	SC10935078300651
生产日期	见封口
保质期	12个月
贮存	阴凉干燥处,常温贮存
生产商	××××总公司×××子公司 GF×××

营养成分表

项目	每100克（g）	营养素参考值%
能量	87千焦（kJ）	1%
蛋白质	1.1克（g）	2%
脂肪	0克（g）	0%
碳水化合物	40克（g）	1%
钠	0毫克（mg）	0%

食用方法：
开袋后请用清水漂洗，即可炒、炖、煮、火锅、做汤等，荤素皆宜。

注意：
1.如发现产品有胀袋或漏包，请勿食用，即与销售商联系调换。
2.产品请勿长时间受阳光照射，开封后如未食完请冷藏贮存快食用。
3.在包装袋内或刚开封时出现：
·白色析出物（即笋乳）是由笋体内草酸钙 析出而产生的白色沉淀。
·在笋的根部出现青黑点是笋须，属正常现象，不影响品质。

应是总公司绿色食品企业信息码

6 924766 805287

图 3-40　子公司申报、生产产品的预包装标签示例

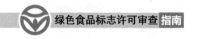

（七）证书变更、增报产品的申请和审查

【条文】

第五十五条　绿色食品证书有效期内，标志使用人的产地环境、生产技术、质量管理制度等未发生变化，标志使用人名称、产品名称、商标名称等一项或多项发生变化或标志使用人分立（拆分）、合并（重组）的，标志使用人应向其注册所在地省级工作机构提出证书变更申请。

标志使用人分立（拆分），是指原标志使用人法律主体资格撤销并新设两个（含）以上的具有法人资格的企业，其中一个企业负责生产、经营、管理绿色食品；或原标志使用人法律主体仍存在，但将绿色食品生产、经营、管理业务划出另设一个新的独立法人公司。

标志使用人合并（重组），是指一个公司吸收其他公司（其中一个公司为标志使用人）或两个（含）以上公司（其中一个公司为标志使用人）合并成立一个新的公司。

第五十六条　证书变更的申请人应根据申请变更事项提交以下材料。

（一）绿色食品标志使用证书变更申请表。

（二）绿色食品证书原件。

（三）标志使用人名称变更的，应提交核准名称变更的证明材料。

（四）商标名称变更的，应提交变更后的商标注册证复印件。

（五）如已获证产品为预包装产品，应提交变更后的预包装标签设计样张。

（六）标志使用人分立（拆分）的还应提供：

1. 拆分后设立公司的营业执照复印件；

2. 原绿色食品标志使用人拆分决议等相关材料;

3. 省级工作机构应对拆分后标志使用人的产地环境、生产技术、工艺流程、质量管理体系等审查和确认,并提交书面说明。

(七)标志使用人合并(重组)的,还应提供:

1. 重组后设立公司的营业执照复印件;

2. 原绿色食品标志使用人重组决议等相关材料;

3. 省级工作机构应对重组后标志使用人的产地环境、生产技术、工艺流程、质量管理体系等审查和确认,并提交书面说明。

第五十七条 证书变更申请应重点审查证书变更申请表内容填写的规范性和完整性,变更事项相关证明材料的完备性、真实性和有效性。

【解读】

第五十五条至第五十七条对证书变更的申请事项、申请材料和审查内容做出规定。

绿色食品证书载明内容包括产品名称、商标名称、产品编号、生产商、核准产量、企业信息码、许可期限等,绿色食品标志使用人可以申请证书变更的事项主要限于标志使用人名称、产品名称、商标名称中的一项或多项;如获证产品产量发生变化,仅限产量变小情况可以申请变更;另外,标志使用人在证书有效期内发生拆分、重组与兼并的,也属于证书变更事项。

申请人要根据变更事项填写《绿色食品标志使用证书变更申请表》,并提供相关证明材料。如标志使用人名称变化,应提供市场监督管理部门核准名称变更的通知书;如商标变化,需提供变化后的商标注册证明；如产品名称变化，需提供与原获证产品的一致性证明，不应改变原获证产品的基本属性（稻花香米变为长粒香米、粳米变为籼米、绿茶变为西湖龙井等改变原获证产品属性的产品名称变更申请不予批准）。

对于证书变更申请的审查内容重点关注两个方面：一是变更申请书内容（申请人、变更事项、变更原因、省级工作机构意见等）填写是否完整规范；二是针对变更事项审查相关证明材料是否齐全，与申请人、申请事项的一致性，并进一步核实材料的真实性和有效性。如商标变更申请，要核实变更后的商标注册证的有效期、产品范围、商标注册人与申请人的一致性等内容。

【示例】

某绿色食品企业将已获证产品幸福牌龙井茶变更为爱家牌醇香龙井茶，需向省级工作机构提交的材料有《绿色食品标志使用证书变更申请表》、幸福牌龙井茶证书原件、爱家牌商标注册证及爱家牌醇香龙井茶绿色食品预包装标签复印件。主要审查内容如下。

（1）《绿色食品标志使用证书变更申请表》是否填写规范、完整，申请人是否签字盖章，省级工作机构是否签署意见并签字盖章（图3-41）。

（2）幸福牌龙井茶证书是否为原件且在有效期内。

（3）爱家牌商标注册证是否在有效期、核准范围是否包含申报产品、商标注册人是否与申请人一致或提供了商标授权书等文件。

（4）产品名称变化，是否提供了与原获证产品的一致性证明，不应改变原获证产品的基本属性。

（5）变更后的绿色食品预包装标签中产品名称、商标名称是否与变更申请书一致，生产商是否与申请人一致，绿色食品标志设计样是否符合绿色食品要求，产品包装标签是否符合国家规范要求。

绿色食品标志使用证书变更申请表

标志使用人	████面粉有限公司		
申请项目	生产商□　产品名称☑　产品商标□　核准产量□		
变更前	高筋特精粉	变更后	高筋小麦粉
产地环境是否变化		否	
原料来源是否变化		否	
生产规模是否变化		否	
工艺流程是否变化		否	
管理制度是否变化		否	
变更原因：进一步规范商品名称。 　　　　　　标志使用人签字 刘景友　　（盖章） 　　　　　　　　　　　　　2022年 3 月 20 日			
省级工作机构审核意见： 　　同意上报。 　　　　　负责人签字： ████　（盖章） 　　　　　　　　　　　2022年 3 月 30 日			

注：此表一式三份，中心、省级工作机构、标志使用人各执一份。

图 3-41　绿色食品标志使用证书变更申请表

【条文】

第五十八条 增报产品，是指绿色食品标志使用人在已获证产品的基础上，申请在其他产品上使用绿色食品标志或申请增加已获证产品产量。具体包括以下类型。

（一）申请已获证产品的同类多品种产品。

（二）申请与已获证产品产自相同生产区域的非同类多品种产品，包括：

1.种植区域相同，生产管理模式相同的农林产品；

2.捕捞水域相同，非人工投喂模式的水产品；

3.加工场所相同，原料来源相同，加工工艺略有不同的产品；

4.对同一集中连片区域生产的蔬菜水果产品申请人，区域内全部产品都应申请绿色食品。

（三）申请增加已获证产品的产量。

（四）已获证产品总产量保持不变，将其拆分为多个产品，或将多个产品合并为一个产品。

第五十九条 增报产品相关申请材料，应由检查员现场检查和省级工作机构审查确认后，提交中心审批。

（一）申请已获证产品的同类多品种产品，申请材料应包括：

1.增报产品的申请书；

2.增报产品的生产操作规程；

3.基地图、合同（协议）、清单等；

4.预包装标签设计样张；

5.生产区域不在原产地环境检验报告范围内的，应提供相应生产区域的《产地环境质量检验报告》；

6.《产品检验报告》和绿色食品抽样单；

7.现场检查材料；

8. 初审报告。

（二）申请与已获证产品产自相同生产区域的非同类多品种产品，申请材料应包括：

1. 第五十九条（一）中1、2、3、4、6、7、8的材料；

2. 涉及已获证产品产量变化的，应退回绿色食品证书原件。

（三）申请增加已获证产品产量，申请材料应包括：

1. 产品由于盛产（果）期增加产量的，应提交第五十九条（一）中1、7、8规定的材料和绿色食品证书原件；

2. 扩大生产规模的（包括种植面积增加、养殖区域扩大、养殖密度增加等），应提交第五十九条（一）中1、3、6、7、8的材料、绿色食品证书原件和新增区域的《产地环境质量检验报告》。

（四）已获证产品总产量保持不变，将其拆分为多个产品或将多个产品合并为一个产品，申请材料应包括：

1. 第五十九条（一）中1、4、8的材料和绿色食品证书原件；

2. 变更的商标注册证复印件。

（五）已获证产品产量不变，增报同类畜禽、水产分割肉产品、骨及相关产品的，应提交第五十九条（一）中1、4、7、8规定的材料和绿色食品证书原件。

第六十条 增报产品应重点审查增报产品申请类型的符合性，增报产品相关申请人材料、现场检查材料、检测报告和初审报告的审查应按照本章第二节、第三节、第四节和第五节要求执行。

【解读】

第五十八条至第六十条对增报产品的申请类型、申请材料和审查要求做出了规定。

增报产品申请类型仅限于第五十八条所规定的4种情形，如不符合规定情形，则应按照初次申报程序进行申报。

关于第五十八条第（一）款中所述"同类多品种产品"，其定义等同采用《绿色食品　产品抽样准则》（NY/T 896—2015）3.4条规定，具体定义为：同一生产单位、主原料相同，具有不同规格、形态或风味的系列产品。主要分为以下4类。

（1）主辅原料相同，加工工艺相同，净含量、型号规格或包装不同的系列产品。包括商品名称相同，商标名称不同；商品名称相同，净含量不同；商品名称相同，规格不同（如不同酒精度的白酒、葡萄酒或啤酒，不同原果汁含量的果汁饮料等）；商品名称相同，包装不同（如饮料的软包装、罐装、瓶装等）；商品名称不同（如名称不同的大米、名称不同的红茶、名称不同的绿茶、不同部位的分割畜禽产品等）的同类产品。

（2）主原料相同，产品形态、加工工艺不同的系列产品。包括不同加工精度（如不同等级的小麦特一粉、特二粉、标准粉、饺子粉等）、不同规格（如玉米粉、玉米粒、玉米渣等）、不同形态（如白糖类的白砂糖、方糖、单晶糖、多晶糖等）的同类产品。

（3）主原料相同，加工工艺相同，营养或功能强化辅料不同（如加入不同营养强化剂的巴氏杀菌乳、灭菌乳或乳粉等）的同类产品。

（4）主原料和加工工艺相同，调味辅料不同，但调味辅料总量不超过产品成分5%（如不同滋味的泡菜、酱腌菜、豆腐干、肉干、锅巴、冰激凌等）的同类产品。

关于第五十八条第（二）款中"已获证产品产自相同生产区域的非同类多品种产品"，因种植、养殖和加工专业不同而异，例如，同一块土地不同季节和茬口种植的黄瓜、大葱，同一水面中鲤鱼和鲫鱼，来自同一牧场的牛奶分别生产巴氏杀菌乳和奶粉。

关于第五十八条第（三）款中"增加已获证产品的产量"，包括两种情况：一是因果蔬丰产期亩产量增加导致总产量增加；二是因增加种植面积导致总产量增加，或加工产品增加产量。

关于第五十八条第（四）款中"已获证产品总产量保持不变，将其拆分为多个产品或将多个产品合并为一个产品"，包括以下两种情况：一是将原获证的产品拆分成不同产品名称或不同商标的产品，但总量不变；二是将原获证的不同产品名称或不同商标产品合并成一个产品，但总量不变。无论拆分或合并，产品的原辅料组成、加工工艺、产品类型等不发生变化。第五十九条第（五）款所述情况，是针对畜禽、水产类产品拆分增报的特例情况。

增报产品申请的审查，应首先针对增报产品类型进行符合性审查研判，其次根据不同类型提交材料要求，分别按照相关材料的审查要求进行审查。现场检查应针对变化的生产区域和增报的产品生产情况进行重点检查。扩大的生产区域应进行环境检测，增报的非同类多品种产品要进行产品检测。

【示例】

例如，某绿色食品生产企业已获证产品为种植于A村的200亩黄瓜，产量1 200吨。该企业大葱与黄瓜轮作，8月种植大葱，翌年1月收获后种植黄瓜，因此想将大葱增报为绿色食品。根据种植模式，属于第五十八条（二）中规定的增报情况，按照要求需提供：① 大葱的《绿色食品标志使用申请书》；② 大葱的生产操作规程（生产工艺无变化的可不提供）；③ 大葱预包装产品包装标签设计样；④ 大葱的产品检验报告和产品抽样单。

省级工作机构判断是否符合增报条件，并派出检查员提交现场核查报告（附现场检查照片），省级工作机构对其做出同意与否的意见，并加盖公章予以确认。

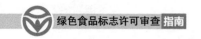

现场检查过程中检查员除按照《绿色食品现场检查工作规范》要求开展现场检查，还应着重核查大葱种植基地是否与原获证产品黄瓜种植基地位置一致，面积相同，产地环境是否发生变化。

五、综合审查意见及处理

【条文】

> **第六十一条** 中心对省级工作机构提交的完整申请材料实施综合审查，出具"基本合格""补充材料""不予颁证"等综合审查意见，并完成《绿色食品标志许可审查报告》（附件7）。
>
> **第六十二条** 申请人的资质条件、环境质量、产品质量、投入品使用、包装、储藏、运输均符合绿色食品标准及相关要求，且申请材料（含补充材料）齐全规范、真实有效，综合审查意见为"基本合格"。

【解读】

第六十一条至第六十二条是对中国绿色食品发展中心审核评价处综合审查内容和审查意见处理的规定。

审核评价处根据《绿色食品标志许可审查工作规范》对申报材料的完备性、规范性，检测机构出具的质量证明材料的有效性，以及检查员现场检查报告、省级工作机构提供的相关材料进行综合审查，提出审查意见，并填写完成《绿色食品标志许可审查报告》。审查意见包括基本合格、补充材料和不予颁证3种情况，对应的审查结论包括以下3种：一是申请材料基本合格，建议提交专家评审；二是申请材料和补充材料基本合格，建议提交专家评审；三是申请材料不符合绿色食品相关标准规定，建议不予颁证。

《绿色食品标志许可审查报告》主要业务类型包括初次申请、续展申请和增报申请。

1. 初次申请审查报告

由基本情况表、审查情况表、绿色食品综合审查意见通知书、绿色食品综合审查意见、绿色食品审查意见通知书、绿色食品标志许可颁证决定组成。根据不同审查意见分别执行以下工作流程，完成相应表格文件。

（1）综合审查合格（第一次综合审查即为合格）：审查人员填写基本情况表、审查情况表，出具绿色食品综合审查意见提交专家评审，通过专家评审，中国绿色食品发展中心根据专家评审结论做出绿色食品标志许可颁证决定。

（2）综合审查需补充材料，且补充合格：审查人员填写基本情况表、审查情况表，通过绿色食品综合审查意见通知书向有关单位发送补充材料意见；补充材料合格后，出具绿色食品综合审查意见提交专家评审，通过专家评审，中国绿色食品发展中心根据专家评审结论绿色食品标志许可颁证决定。

（3）综合审查意见为不予颁证：审查人员填写基本情况表、审查情况表，出具绿色食品综合审查意见（不通过）报主任签批后，向申请人发送绿色食品审查意见通知书（不通过）并抄送相关省级工作机构。

2. 续展申请审查报告

见第六十七条解读。

3. 增报申请审查报告

由基本情况表、审查情况表、绿色食品综合审查意见通知书、绿色食品标志许可颁证决定组成。根据不同审查意见分别执行下面工作流程，完成相应表格文件。

（1）综合审查合格（第一次综合审查即为合格）：审查人员填写基本情况表、审查情况表，形成综合审查结论，报中国绿色食品发展中心做出绿色食品标志许可颁证决定。

（2）综合审查提出需补充材料，且补充合格：基本情况表、审查情况表，通过绿色食品综合审查意见通知书向有关单位发送补充材料意见，补充材料合格后，形成综合审查结论，报中国绿色食品发展中心做出绿色食品标志许可颁证决定。

（3）综合审查意见为不予颁证：基本情况表、审查情况表、绿色食品综合审查意见（不通过）报主任签批后，绿色食品审查意见通知书（不通过）盖中国绿色食品发展中心章并发送申请人所在省（市）级绿色食品工作机构。

【条文】

第六十四条　申请材料有下列严重问题之一的，综合审查意见应为"不予颁证"。

（一）申请人资质条件不符合要求的。

（二）申请产品不在《绿色食品产品标准适用目录》内的。

（三）申请材料中有伪造或变造的证书、合同（协议）、凭证等虚假证明材料的。

（四）检查员现场检查、初审存在弄虚作假行为的。

（五）申请人材料、现场检查材料及补充材料中体现生产过程使用的农药、肥料、饲料及饲料添加剂、兽药、渔药、食品原料及添加剂等投入品不符合绿色食品相应标准或要求的。

（六）环境或产品检验报告检验结论为"不符合绿色食品标准"的。

（七）同一申请人申请多个蔬菜产品，其中一个产品存在本条（五）中问题的，该申请人申请的其他蔬菜产品均不予颁证。

（八）其他不符合国家和绿色食品相关法律法规、标准或要求的。

【解读】

第六十四条对综合审查意见为"不予颁证"的8类问题做出了规定。主要包括申请人和申报产品不符合申请条件和要求，申请人材料存在造假问题，生产中使用投入品不符合绿色食品标准要求，以及环境或产品检测不合格等问题。上述问题均为绿色食品基本原则问题。同一申请人申请多个蔬菜产品，一个产品不予颁证，考虑到蔬菜种植管理的风险，该申请人申请的其他蔬菜产品均不予颁证。

【条文】

第六十七条　中心随机抽取10%的续展申请材料监督抽查，对抽查的续展申请材料，中心抽查意见与省级工作机构综合审查意见不一致时，以抽查意见为准。抽查意见及处理按照以上规定执行。

【解读】

根据《省级绿色食品工作机构续展审查工作实施办法》要求，省级工作机构负责本行政区域绿色食品续展申请的受理、初审、现场检查、书面审查及相关工作。中国绿色食品发展中心负责续展申请材料的备案登记、监督抽查和颁证工作。

中国绿色食品发展中心审核评价处接到省级机构报送纸质的续展申请材料，审查工作分两种流程：90%的材料登记备案流转至颁证环节；10%的材料按初次申报的审查流程实施监督抽查。

续展申请审查报告分以下两种情况。

（1）省级工作机构完成续展综合审查、中国绿色食品发展中心直接备案的，中国绿色食品发展中心以省级工作机构初审报告作为续展决定依据，并附中国绿色食品发展中心续展决定。

（2）中国绿色食品发展中心抽查续展材料，"基本合格""补充材料"和"不予通过"情况按初次申请等同处理，中国绿色食品发展中心对续展抽查材料的综合审查意见作为续展决定依据，形成绿色食品标志许可颁证决定。①综合审查合格（第一次综合审查即为合格）：审查人员填写基本情况表、审查情况表，形成综合审查结论，报中国绿色食品发展中心做出绿色食品标志许可颁证决定。②综合审查提出需补充材料，且补充合格：审查人员填写基本情况表、审查情况表，通过绿色食品综合审查意见通知书向有关单位发送补充材料意见，补充材料合格后，形成综合审查结论，报中国绿色食品发展中心做出绿色食品标志许可颁证决定。③综合审查意见为不予颁证：基本情况表、审查情况表、绿色食品综合审查意见（不通过）报中国绿色食品发展中心主任签批后，绿色食品审查意见通知书（不通过）盖中国绿色食品发展中心章并发送申请人所在省（市）级绿色食品工作机构。

第四章
审查常见问题

一、《绿色食品标志使用申请书》审查常见问题

《绿色食品标志使用申请书》审查中的常见问题如下。

【申请书页面】

绿色食品标志使用申请书

初次申请□　　续展申请□　　增报申请□

申请人（盖章）^① _____

申　请　日　期^② _____年___月___日

中国绿色食品发展中心

【审查常见问题】

　　①申请人名称与公章名称不一致；缺少申请人盖章。
　　②申请日期与实际情况不符，晚于受理日期或现场检查日期。

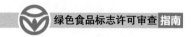

【申请书页面】

保 证 声 明

　　我单位已仔细阅读《绿色食品标志管理办法》有关内容，充分了解绿色食品相关标准和技术规范等有关规定，自愿向中国绿色食品发展中心申请使用绿色食品标志。现郑重声明如下：

　　1.保证《绿色食品标志使用申请书》中填写的内容和提供的有关材料全部真实、准确，如有虚假成分，我单位愿承担法律责任。

　　2.保证申请前三年内无质量安全事故和不良诚信记录。

　　3.保证严格按《绿色食品标志管理办法》、绿色食品相关标准和技术规范等有关规定组织生产、加工和销售。

　　4.保证开放所有生产环节，接受中国绿色食品发展中心组织实施的现场检查和年度检查。

　　5.凡因产品质量问题给绿色食品事业造成的不良影响，愿接受中国绿色食品发展中心所作的决定，并承担经济和法律责任。

　　法定代表人（签字）③：　　　　　　申请人（盖章）④

　　　　　　　　　　　　　　　　　　　　年　月　日⑤

【审查常见问题】

　　③缺少法定代表人签字。

　　④缺少申请人盖章。

　　⑤落款日期与申请日期不一致。

【申请书页面】

一　申请人基本情况

申请人（中文）⑥			
申请人（英文）			
联系地址		邮编	
统一社会信用代码⑦			
食品生产许可证号⑧			
商标注册证号⑨			
企业法定代表人		座机	
联系人		座机	
内检员⑩		座机	
传真		E-mail	
龙头企业		国家级□　省（市）级□　地市级□	
年生产总值（万元）		年利润（万元）	
申请人简介			

注：申请人为非商标持有人，须附相关授权使用的证明材料。

【审查常见问题】

⑥申请人名称与公章名称不一致。

⑦证书中名称、法定代表人等信息与申请人信息不一致；提出申请时，成立时间不满一年；经营范围未涵盖申请产品类别；营业执照已过有效期。

⑧申请人实施委托加工的，未注明被委托方名称；食品生产许可证中生产者名称与申请人或被委托方名称不一致；食品生产许可证许可品种明细表未涵盖申请产品；食品生产许可证已过有效期。

⑨自有商标的，证书中注册人与申请人或其法定代表人不一致；授权使用商标的，未注明证所有人信息，或未提供商标使用权证明材料，如商标变更证明、商标使用许可证明、商标转让证明等；商标注册证已过有效期。

⑩内检员未挂靠申请人；内检员与申请表签字的内检员不一致；内检员资质已过期。

【申请书页面】

二 申请产品基本情况

产品名称⑪	商标⑫	产量（吨）	是否有包装⑬	包装规格	绿色食品包装印刷数量⑲	备注

注：续展产品名称、商标变化等情况需在备注栏中说明。

【审查常见问题】

⑪产品名称不能体现产品真实属性。

⑫商标填写与商标注册证不一致，或填写形式不规范；商标注册证核定使用商品类别未涵盖申请产品；同一产品分别使用多个商标未分开填写（应按不同产品处理）；同一产品同时使用多个商标未合并填写。

⑬预包装产品未填写绿色食品包装印刷数量。

【申请书页面】

三 申请产品销售情况

产品名称	年产值（万元）	年销售额（万元）	年出口量（吨）	年出口额（万美元）

填表人（签字）⑭：　　　　　　　　内检员（签字）⑮：

【审查常见问题】

⑭缺少填表人签字。

⑮缺少内检员签字。

二、产品调查表审查常见问题

产品调查表包括《种植产品调查表》《畜禽产品调查表》《加工产品调查表》《水产品调查表》《食用菌调查表》和《蜂产品调查表》。

(一)《种植产品调查表》审查常见问题

《种植产品调查表》审查中的常见问题如下。

【调查表页面】

种植产品调查表

申请人（盖章）^① ＿＿＿＿＿＿＿＿＿＿＿＿

申　请　日　期^② ＿＿＿＿＿年＿＿＿月＿＿＿日

中国绿色食品发展中心

【审查常见问题】

　①申请人名称与公章名称不一致；缺少申请人盖章。

　②申请日期与实际情况不符，晚于受理日期或现场检查日期。

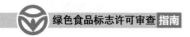

【调查表页面】

一　种植产品基本情况

作物名称	种植面积 （万亩）③	年产量 （吨）④	基地类型⑤	基地位置（具体到村）⑥

注：基地类型填写自有基地（A）、基地入股型合作社（B）、流转土地统一经营（C）、公司＋合作社（农户）（D）、全国绿色食品原料标准化生产基地（E）。

【审查常见问题】

　　③填写的种植面积与现场检查报告、环境检验报告不一致；种植面积未按产品分别填写。

　　④申报产品年产量与生产实际不符。

　　⑤基地类型未明确；基地类型与申请材料中相关证明材料不一致。

　　⑥基地位置未具体到村或未覆盖申报产品所有基地村。

【调查表页面】

二　产地环境基本情况

产地是否位于生态环境良好、无污染地区，是否避开污染源？⑦	
产地是否远离公路、铁路、生活区 50 米以上，距离工矿企业 1 千米以上？⑧	
绿色食品生产区和常规生产区域之间是否有缓冲带或物理屏障？请具体描述⑨	

注：相关标准见《绿色食品　产地环境质量》（NY/T 391）和《绿色食品　产地环境调查、监测与评价规范》（NY/T 1054）。

【审查常见问题】

　　⑦未明确产地是否位于生态环境良好、无污染地区，是否避开污染源。

　　⑧未明确产地是否远离公路、铁路、生活区 50 米以上，距离工矿企业 1 千米以上。

　　⑨未具体描述绿色食品生产区和常规生产区域之间是否有缓冲带或物理屏障。

【调查表页面】

三 种子（种苗）处理

种子（种苗）来源⑩	
种子（种苗）是否经过包衣等处理？请具体描述处理方法⑪	
播种（育苗）时间⑫	

注：已进入收获期的多年生作物不填写本表（如果树、茶树等）。

【审查常见问题】

⑩ 种子（种苗）来源不明确。

⑪ 种子包衣处理未描述具体方法；有使用药剂的，未填写药剂具体成分。

⑫ 播种（育苗）时间不明确或不符合生产实际。

【调查表页面】

四 栽培措施和土壤培肥

采用何种耕作模式（轮作、间作或套作）？请具体描述⑬			
采用何种栽培类型（露地、保护地或其他）？⑭			
是否休耕？			
秸秆、农家肥等使用情况⑮			
名称	来源	年用量（吨/亩）	无害化处理方法
秸秆			
绿肥			
堆肥			
沼肥			

注："秸秆、农家肥等使用情况"栏不限于表中所列品种，视具体使用情况填写。

【审查常见问题】

⑬ 未明确耕作模式（轮作、间作或套作）。

⑭ 未明确栽培类型（露地、保护地或其他）。

⑮ 秸秆、农家肥等的来源、年用量、无害化处理方法未明确；多种作物使用不同类型农家肥，未分别说明；农家肥使用量不符合生产实际。

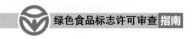

【调查表页面】

五　有机肥使用情况

作物名称	肥料名称	年用量（吨/亩）[16]	商品有机肥有效成分氮磷钾总量（%）[17]	有机质含量（%）[18]	来源[19]	无害化处理[20]

注：该表应根据不同产品名称依次填写，包括商品有机肥和饼肥。

【审查常见问题】

[16] 有机肥年使用量不符合生产实际。
[17] 商品有机肥有效成分未按实际填写。
[18] 有机质含量不符合生产实际。
[19] 有机肥来源未明确。
[20] 是否进行无害化处理，未描述。

【调查表页面】

六　化学肥料使用情况

作物名称	肥料名称[21]	有效成分（%）[22]			施用方法[23]	施用量（kg/亩）[24]
		氮	磷	钾		

注：1. 相关标准见《绿色食品　肥料使用准则》（NY/T394）。
　　2. 该表应根据不同作物名称依次填写。
　　3. 该表包括有机—无机复混肥使用情况。

【审查常见问题】

[21] 化学肥料名称未按通用名称填写。
[22] 化学肥料有效成分填写不符合实际。
[23] 化学肥料施用方法未明确。
[24] 化学肥料年施用量未按实际填写。

【调查表页面】

七　病虫草害农业、物理和生物防治措施

当地常见病虫草害㉕	
简述减少病虫草害发生的生态及农业措施㉖	
采用何种物理防治措施？请具体描述防治方法和防治对象㉗	
采用何种生物防治措施？请具体描述防治方法和防治对象㉘	

注：若有间作或套作作物，请同时填写其病虫草害防治措施。

【审查常见问题】

㉕未具体描述当地常见病虫草害。

㉖未简述减少病虫草害发生相关的农业措施。

㉗未具体描述使用物理防治措施、防治方法和防治对象。

㉘未具体描述使用生物防治措施、防治方法和防治对象；农业、物理、生物防治措施不符合生产实际，不适用于防治对象；申请人同时有间作或套作作物，未说明间作、套作作物的病虫草防治措施。

【调查表页面】

八　病虫草害防治农药使用情况㉙

作物名称	通用名称	防治对象

注：1.相关标准见《农药合理使用准则》（GB/T 8321）、《绿色食品　农药使用准则》（NY/T 393）。

　　2.若有间作或套作作物，请同时填写其病虫草害农药使用情况。

　　3.该表应根据不同产品名称依次填写。

【审查常见问题】

㉙未填写农药通用名称；防治对象不符合实际；使用的农药未在申请产品上登记；使用绿色食品禁用农药；农药使用情况不符合《绿色食品　农药使用准则》（NY/T 393）要求；申请人同时有间作或套作作物，未填写间作、套作作物的农药使用情况。

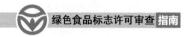

【调查表页面】

九　灌溉情况			
作物名称	是否灌溉	灌溉水来源㉚	灌溉方式㉛	全年灌溉用水量（吨/亩）㉜

（表头实际为五列）

【审查常见问题】

㉚ 未明确灌溉水来源。

㉛ 未明确灌溉方式。

㉜ 全年灌溉用水量不符合生产实际。

【调查表页面】

十　收获后处理及初加工

收获时间㉝	
收获后是否有清洁过程？请描述方法	
收获后是否对产品进行挑选、分级？请描述方法	
收获后是否有干燥过程？请描述方法㉞	
收获后是否采取保鲜措施？请描述方法㉟	
收获后是否需要进行其他预处理？请描述过程㊱	
使用何种包装材料/包装方式？	
仓储时采取何种措施防虫、防鼠、防潮？㊲	
请说明如何防止绿色食品与非绿色食品混淆？㊳	

【审查常见问题】

㉝ 收获时间与作物生产实际不符。

㉞ 未对收获后干燥方法进行描述。

㉟ 未对收获后产品如何保鲜作具体描述。

㊱ 收获后预处理情况与现场检查报告情况不一致。

㊲ 未明确仓储时采取何种措施防虫、防鼠、防潮；仓储有使用药剂，未说明药剂具体成分；或药剂使用不符合《绿色食品　农药使用准则》（NY/T 393）标准要求。

㊳ 未说明防止绿色食品与非绿色食品混淆的相关措施。

【调查表页面】

十一　废弃物处理及环境保护措施[㊦]

填表人（签字）^㊵：　　　　　　　　内检员（签字）^㊶：

【审查常见问题】

㊴ 未简述生产过程中是否存在废弃物处理及环境具体保护措施。

㊵ 缺少填表人签字。

㊶ 缺少内检员签字；签字的内检员资质已过期。

（二）《畜禽产品调查表》审查常见问题

《畜禽产品调查表》审查中的常见问题如下。

【调查表页面】

畜禽产品调查表

申请人（盖章）^① _____

申　请　日　期^② _____年____月____日

中国绿色食品发展中心

【审查常见问题】

① 申请人名称与公章名称不一致；缺少申请人盖章。

② 申请日期与实际情况不符，晚于受理日期或现场检查日期。

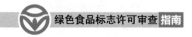

【调查表页面】

一 养殖场基本情况

畜禽名称③			养殖面积	放牧场所（万亩）	
				栏舍（m²）	
基地位置④					
生产组织形式					
养殖场基本情况					
产地是否位于生态环境良好、无污染地区，是否避开污染源？					
产地是否距离公路、铁路、生活区50米以上，距离工矿企业1千米以上？					
天然牧场周边是否有矿区？养殖场常年主导风向的上风向是否有排放有毒有害物质的工矿企业？					
请简要描述养殖场周边情况					

注：1. 相关标准见《绿色食品　畜禽卫生防疫准则》（NY/T 473）。
　　2. "生产组织形式"填写自有基地（A）、基地入股型合作社（B）、流转土地统一经营（C）、公司＋合作社（农户）（D）。

【审查常见问题】

③ 畜禽名称填写未体现产品真实属性；不同养殖对象未分别填写。

④ 基地位置填写养殖场/牧场位置未具体到乡（镇）、村，基地村填写不全；基地类型与申请材料中相关证明材料不一致。

【调查表页面】

二　养殖场基础设施

养殖场是否有相应的防疫设施设备，请具体描述⑤	
养殖场房舍照明、隔离、加热和通风等设施是否齐备且符合要求？请具体描述⑥	
是否有符合要求的粪便储存设施？	
是否有粪便尿、污水处理设施设备？请具体描述	
是否有畜禽活动场所和遮阴设施？	
请说明养殖用水来源⑦	

注：相关标准见《绿色食品　畜禽卫生防疫准则》（NY/T 473）。

【审查常见问题】

⑤ 养殖场防疫设施未具体描述，防疫措施不符合《绿色食品　产地环境质量》（NY/T 393）、《绿色食品　畜禽卫生防疫准则》（NY/T 473）标准要求及国家相关规定。

⑥ 未具体描述养殖场基础设施；没有符合要求的隔离、通风等设备。

⑦ 养殖用水来源不明，不符合《绿色食品　产地环境质量》（NY/T 391）、《绿色食品　畜禽卫生防疫准则》（NY/T 473）标准要求。

【调查表页面】

三　养殖场管理措施

是否具有针对当地易发的流行性疾病制定相关防疫和扑灭净化制度？⑧	
养殖场生产区和生活区是否有效隔离？	
养殖场排水系统是否实行雨水、污水收集输送分离？	
畜禽粪便是否及时、单独清出？	
养殖场是否定期消毒？请描述使用消毒剂名称、用量、使用方法和使用时间⑨	
是否建立了规范完整的养殖档案？	
绿色食品生产区和常规生产区域之间是否设置物理屏障？	

【审查常见问题】

⑧ 针对当地易发的流行性疾病，没有有效的防疫和扑灭净化制度。

⑨ 养殖场消毒措施涉及药剂使用的，未明确药剂品种、用量使用方法和时间，药剂使用不符合国家相关规定和《绿色食品　兽药使用准则》（NY/T 472）、《绿色食品　畜禽卫生防疫准则》（NY/T 473）标准要求。

【调查表页面】

四 畜禽饲料及饲料添加剂使用情况

畜禽名称				幼畜（禽雏）来源⑪					
品种名称⑩				养殖规模⑫					
年出栏量及产量⑬				养殖周期⑭					
生长阶段⑮ / 饲料及饲料添加剂⑯	用量（吨）	比例（%）	用量（吨）	比例（%）	用量（吨）	比例（%）	用量（吨）	比例（%）	年用量（吨）⑰ / 来源

注：1. 使用酶制剂、微生物、多糖、寡糖、抗氧化剂、防腐剂、防霉剂、酸度调节剂、黏结剂、抗结块剂、稳定剂或乳化剂应填写添加剂具体通用名称。

2. 饲料及饲料添加剂，表格不足可自行增加行数。

【审查常见问题】

⑩ 品种名称填写未明确到种。

⑪ 外购的幼畜（禽雏），未填写其具体来源。

⑫ 养殖规模填写不规范，不是按照绿色食品标准要求养殖部分的畜禽数量。

⑬ 出栏量填写不规范，未按照年出栏畜禽的数量填写；产量填写不规范，未填写申请产品的年产量；填写的出栏量与申请产品产量不相符。

⑭ 养殖周期填写不规范，未填写畜禽在本养殖场内的养殖时间；畜禽的养殖周期不符合申请绿色食品对养殖周期的规定。

⑮ 未按照畜禽不同生长阶段分别填写。

⑯ 饲料及饲料添加剂使用情况未按照畜禽不同生长阶段分别填写；饲料配方不合理，不能满足畜禽不同生长阶段营养需要；同一生长阶段所有饲料及饲料添加剂比例总和不是100%，且各饲料成分比例与用量不符；饲料及饲料添加剂的使用不符合《绿色食品 饲料及饲料添加剂使用准则》（NY/T 471）要求。

⑰ 同一种饲料或饲料添加剂的年用量并非前面各生长阶段该种饲料或饲料添加剂的总和。

【调查表页面】

五　发酵饲料加工（含青贮、黄贮、发酵的各类饲料）

原料名称	年用量（吨）	添加剂名称	贮存及防霉处理方法⑱

【审查常见问题】

　　⑱ 饲料发酵过程中使用的添加剂，贮存及防霉处理使用的物质不符合《绿色食品饲料及饲料添加剂使用准则》（NY/T 471）要求。

【调查表页面】

六　饲料加工和存储

工艺流程及工艺条件⑲	
是否建立批次号追溯体系？	
饲料存贮过程采取何种措施防潮、防鼠、防虫？请具体描述⑳	
请说明如何防止绿色食品与非绿色食品饲料混淆？㉑	

【审查常见问题】

　　⑲ 涉及饲料加工的，未具体填写加工工艺流程。
　　⑳ 饲料存储中防潮、防鼠、防虫措施，未具体描述；涉及药剂使用的，未明确药剂名称；使用的药剂不符合《绿色食品　农药使用准则》（NY/T 393）要求。
　　㉑ 未具体描述区分管理措施。

【调查表页面】

七 畜禽疫苗和药物使用情况

畜禽名称				
疫苗使用情况⑫				
疫苗名称		接种时间		
兽药使用情况㉓				
兽药名称	批准文号	用途	使用时间	停药期

注：1. 相关标准见《绿色食品 兽药使用准则》（NY/T 472）。
　　2. 表格不足可自行增加行数。

【审查常见问题】

⑫ 疫苗名称填写不规范，疫苗使用不符合《绿色食品 兽药使用准则》（NY/T 472）要求。

㉓ 兽药名称、批准文号、用途、使用时间和停药期填写不规范；处理措施不符合生产实际；兽药名称与批准文号不相符；兽药用途与相应疾病不符，使用时间和停药期不符合国家相关规定和《绿色食品 兽药使用准则》（NY/T 472）要求。

【调查表页面】

八 畜禽、生鲜乳收集和储运

待宰畜禽如何运输？运输过程中采用何种措施防止运输应激？请具体描述	
生鲜乳如何收集？收集器具如何清洗消毒？请具体描述㉔	
生鲜乳如何储存、运输？请具体描述	
请就上述内容，描述绿色食品与非绿色食品的区分管理措施㉕	

【审查常见问题】

㉔ 畜禽产品收集、收集器清洗措施填写不完整；涉及药剂使用的，药剂名称、用量等使用情况填写不完整，且使用不符合《绿色食品 农药使用准则》（NY/T 393）和《绿色食品 兽药使用准则》（NY/T 472）要求。

㉕ 区分管理措施不完备。

【调查表页面】

九 禽蛋收集、包装和储运

禽蛋如何收集、清洗？请具体描述[26]	
如何包装？请描述包装车间、设备的清洁、消毒、杀菌方法及物质[27]	
库房储藏条件是否能满足需要？	
请具体描述运输方式及保鲜措施等	
请就上述内容，描述绿色食品与非绿色食品的区分管理措施[28]	

注：相关标准见《绿色食品　包装通用准则》（NY/T 658）和《绿色食品　储藏运输准则》（NY/T 1056）。

【审查常见问题】

　　[26] 禽蛋收集、清洗措施未做具体描述；涉及药剂使用的，药剂名称、用量等使用情况填写不完整，且使用不符合《绿色食品　农药使用准则》（NY/T 393）和《绿色食品　兽药使用准则》（NY/T 472）标准要求。

　　[27] 包装车间的消毒、清洗方法未具体描述；涉及药剂使用的，未明确具体名称及使用情况。

　　[28] 未具体描述区分管理措施；区分管理措施不完备。

【调查表页面】

十 资源综合利用和废弃物处理

养殖过程产生的污水是否经过无害化处理？污水排放是否符合国家或地方污染物排放标准？	
畜禽粪便是否经过无害化处理或资源化利用？	
养殖场对病死畜禽如何处理？请具体描述[29]	

填表人（签字）：　　　　　　　　　　内检员（签字）：

【审查常见问题】

　　[29] 未具体描述病死、病害畜禽及其相关产品无害化处理措施；处理措施不符合国家相关规定和《绿色食品　畜禽卫生防疫准则》（NY/T 473）要求。

（三）《加工产品调查表》审查常见问题

《加工产品调查表》审查中的常见问题如下。

【调查表页面】

加工产品调查表

申请人（盖章）① ＿＿＿＿＿＿＿＿＿＿＿＿＿＿
申　请　日　期② ＿＿＿＿＿年＿＿月＿＿日

中国绿色食品发展中心

【审查常见问题】

　　① 申请人名称与公章名称不一致；缺少申请人盖章。
　　② 申请日期与实际情况不符，晚于受理日期或现场检查日期。

【调查表页面】

一　加工产品基本情况

产品名称③	商标④	产量（吨）⑤	有无包装⑥	包装规格	备注

注：续展产品名称、商标变化等情况需在备注栏说明。

【审查常见问题】

③ 产品名称与《绿色食品　标志使用申请书》或现场检查报告、初审报告不一致；产品名称不能体现产品真实属性。

④ 商标填写与提供的商标注册证不一致，或填写形式不规范；商标核定使用商品未涵盖申报产品；同一产品分别使用多个商标未分开填写（应按不同产品处理）；同一产品同时使用多个商标未合并填写。

⑤ 产量与《绿色食品　标志使用申请书》或现场检查报告、初审报告不一致。

⑥ 未填写包装情况。

【调查表页面】

二　加工厂环境基本情况

加工厂地址⑦	
加工厂是否位于生态环境良好、无污染地区，是否避开污染源？	
加工厂是否距离公路、铁路、生活区50米以上，距离工矿企业1千米以上？	
绿色食品生产区和生活区域是否具备有效的隔离措施？请具体描述⑧	

注：相关标准见《绿色食品　产地环境质量》（NY/T 391）。

【审查常见问题】

⑦ 加工厂地址与提供的食品生产许可证中生产地址不一致；多个加工厂时，厂址填写不全。

⑧ 填写有隔离措施，未具体描述。

【调查表页面】

三　产品加工情况

工艺流程及工艺条件

各产品加工工艺流程图[9]（应体现所有加工环节，包括所用原料、食品添加剂、加工助剂等），并描述各步骤所需生产条件（温度、湿度、反应时间等）：

是否建立生产加工记录管理程序？	
是否建立批次号追溯体系？	
是否存在平行生产？具体原料运输、加工及储藏各环节中进行隔离与管理，避免交叉污染的措施[10]	

【审查常见问题】

　　[9]加工工艺流程填写不完整，缺少关键环节；申请产品涉及多个加工产品，未按照不同产品分别填写；加工工艺流程与实际生产不符。

　　[10]未对平行生产情况进行说明，或描述与实际生产情况不符；存在平行生产，未具体描述原料运输、加工及储藏各环节中进行隔离与管理，避免交叉污染的措施。

【调查表页面】

四　加工产品配料情况

产品名称⑪		年产量（吨）⑫		出成率（%）⑬	
主辅料使用情况表⑭					
名称	比例（%）	年用量（吨）		来源	
食品添加剂使用情况⑮					
名称	比例（‰）	年用量（吨）	用途		来源
加工助剂使用情况					
名称	有效成分	年用量（吨）	用途		来源
是否使用加工水？请说明其来源、年用量（吨）、作用，并说明是否使用净水设备⑯					
主辅料是否有预处理过程？如是，请提供预处理工艺流程、方法、使用物质名称和预处理场所					

注：1. 相关标准见《绿色食品　食品添加剂使用准则》（NY/T 392）。

　　2. 主辅料"比例（%）"应扣除加入的水后计算。

【审查常见问题】

⑪ 产品名称与《绿色食品标志使用申请书》或现场检查报告、初审报告不一致；产品名称不能体现产品真实属性。

⑫ 产量与《绿色食品　标志使用申请书》或现场检查报告、初审报告不一致。

⑬ 出成率计算错误，或不符合生产实际。

⑭ 主辅料填写与实际加工过程中投入原料或与产品标签配料表不一致；主辅料"比例（%）"未扣除加入的水后计算；主辅料来源不符合相关绿色食品原料来源要求；主辅料购买量（或生产量）不能满足申请产品年产量生产需要；主辅料来源未填写，或填写的来源与实际提供凭证不一致。

⑮ 食品添加剂名称未填写其通用名称；食品添加剂用途填写不明确；食品添加剂来源不明确；食品添加剂的使用（使用范围或使用量）不符合《食品安全国家标准　食品添加剂使用标准》（GB 2760）、《绿色食品　食品添加剂使用准则》（NY/T 392）要求。

⑯ 加工用水使用填写与实际生产情况不符；使用加工用水，未明确加工用水来源或年用量。

【调查表页面】

五　平行加工

是否存在平行生产？如是，请列出常规产品的名称、执行标准和生产规模[17]	
常规产品及非绿色食品产品在申请人生产总量中所占的比例？	
请详细说明常规及非绿色食品产品在工艺流程上与绿色食品产品的区别	
在原料运输、加工及储藏各环节中进行隔离与管理，避免交叉污染的措施	□从空间上隔离（不同的加工设备） □从时间上隔离（相同的加工设备） □其他措施，请具体描述：

【审查常见问题】

　　[17] 未对平行生产情况进行说明，或描述与实际生产情况不符；存在平行生产，未填写常规产品的名称、执行标准和生产规模。

【调查表页面】

六　包装、储藏和运输

包装材料[18]（来源、材质）、包装充填剂	
包装使用情况	□可重复使用　　□可回收利用　　□可降解
库房是否远离粉尘、污水等污染源和生活区等潜在污染源？	
库房是否能满足需要及类型[19]（常温、冷藏或气调等）	
申报产品是否与常规产品同库储藏？如是，请简述区分方法	
说明运输方式及运输工具	

　　注：相关标准见《绿色食品　包装通用准则》（NY/T 658）和《绿色食品　储藏运输准则》（NY/T 1056）。

【审查常见问题】

　　[18] 包装材料来源材质填写不明确；包装材料材质不符合《绿色食品　包装通用准则》（NY/T 658）要求。

　　[19] 库房存储条件填写不明确；存在常规产品同库储藏情况，缺少区分管理措施。

【调查表页面】

七 设备清洗、维护及有害生物防治

加工车间、设备所需使用的清洗、消毒方法及物质	
包装车间、设备的清洁、消毒、杀菌方式方法	
库房中消毒、杀菌、防虫、防鼠的措施，所用设备及药品的名称、使用方法、用量[20]	

【审查常见问题】

　　[20] 消毒和仓储涉及药剂使用，未明确具体成分、用量；药剂使用不符合《绿色食品　农药使用准则》（NY/T 393）要求。

【调查表页面】

八 废弃物处理及环境保护措施

加工过程中产生污水的处理方式、排放措施和渠道	
加工过程中产生废弃物的处理措施	
其他环境保护措施	

　　填表人（签字）[21]：　　　　　　　　内检员（签字）[22]：

【审查常见问题】

　　[21] 缺少填表人签字。

　　[22] 缺少内检员签字；签字的内检员资质已过期。

（四）《水产品调查表》审查常见问题

《水产品调查表》审查中的常见问题如下。

【调查表页面】

水产品调查表

申请人（盖章）^① ＿＿＿＿＿＿＿＿＿＿＿＿

申　请　日　期^② ＿＿＿＿年＿＿月＿＿日

中国绿色食品发展中心

【审查常见问题】

①申请人名称与公章名称不一致；缺少申请人盖章。

②申请日期与实际情况不符，晚于受理日期或现场检查日期。

【调查表页面】

一　水产品基本情况

产品 名称^③	品种 名称	面积 （万亩）	养殖 周期^④	养殖 方式	养殖 模式	基地 位置^⑤	捕捞区域水深（米） （仅深海捕捞）

注：1. "养殖周期"应填写从苗种养殖到商品规格所需的时间。

2. "养殖方式"可填写湖泊养殖／水库养殖／近海放养／网箱养殖／网围养殖／池塘养殖／蓄水池养殖／工厂化养殖／稻田养殖／其他养殖等。

3. "养殖模式"可填写单养／混养／套养。

【审查常见问题】

③产品名称与《绿色食品标志使用申请书》或现场检查报告、初审报告不一致；产品名称不能体现产品真实属性。

④养殖周期理解错误，应填写从投放苗种养殖到商品规格所需的时间；外购苗种的水产品养殖周期不符合申请绿色食品对养殖周期的规定，至少应在后 2/3 的养殖周期内采用绿色食品标准要求的养殖方式。

⑤基地位置未具体到村；不同基地未按照不同申请产品分别填写。

【调查表页面】

二　产地环境基本情况

产地是否位于生态环境良好、无污染地区，是否避开污染源？⑥	
产地是否距离公路、铁路、生活区50米以上，距离工矿企业1千米以上？	
流入养殖/捕捞区的地表径流是否含有工业、农业和生活污染物？	
绿色食品生产区和常规生产区域之间是否设置物理屏障？	
绿色食品生产区和常规生产区的进水和排水系统是否单独设立？	
简述养殖尾水的排放情况。生产是否对环境或周边其他生物产生污染？⑦	

注：相关标准见《绿色食品　产地环境质量》（NY/T 391）和《绿色食品　产地环境调查、监测与评价规范》（NY/T 1054）。

【审查常见问题】

⑥ 未具体描述生产基地周围环境情况。

⑦ 未具体描述养殖尾水处理情况。

【调查表页面】

三　苗种情况

外购苗种⑧	品种名称	外购苗种规格	外购来源⑨	投放规格及投放量⑩	苗种消毒方法	投放前暂养场所消毒方法⑪
自繁自育苗种⑧	品种名称	苗种培育周期		投放规格及投放量⑩	苗种消毒方法⑪	繁育场所消毒方法⑪

【审查常见问题】

⑧ 同一申请产品不同来源未分别填写。

⑨ 外购来源未填写苗种生产单位名称，且未提供购买合同（协议）及购销凭证。

⑩ 投放量仅填写投放密度，未明确投放苗种个体规格。

⑪ 未明确消毒使用药剂名称、施用量及使用方法。

【调查表页面】

四　饲料使用情况

产品名称					品种名称				
饲料来源 / 生长阶段⑫	天然饵料	外购饲料				自制饲料			
	饵料品种⑬	饲料名称	主要成分	年用量（吨/亩）⑭	来源	原料名称	年用量（吨/亩）⑭	比例（%）	来源⑮

注：1. 相关标准见《绿色食品　饲料及饲料添加剂使用准则》（NY/T 471）。
　　2. "生长阶段"应包括从苗种到捕捞前以及暂养期各阶段饲料使用情况。
　　3. 使用酶制剂、微生物、多糖、寡糖、抗氧化剂、防腐剂、防霉剂、酸度调节剂、黏结剂、抗结块剂、稳定剂或乳化剂应填写添加剂具体通用名称。

【审查常见问题】

⑫ 外购苗种涉及投放前暂养的未明确饲料情况；未按水产品不同生长阶段分别填写；同一生长阶段，既有天然饵料又有人工饲料的未明确填写。

⑬ 未描述饵料的品种及其生长情况。

⑭ 年用量与申请材料中购买合同（协议）、购销凭证、种植产量等来源总量不一致；饲料配方不合理，不能满足水产品不同生长阶段营养需要；同一生长阶段所有饲料及饲料添加剂比例总和不是 100%，且各饲料成分比例与用量不符。

⑮ 自制饲料中外购饲料原料非获得绿色食品生产资料证书的产品；植物源性饲料原料应是已通过认定的绿色食品及其副产品，或来源于绿色食品原料标准化生产基地的产品及其副产品，或按照绿色食品生产方式生产、并经绿色食品工作机构认定基地生产的产品及其副产品；动物源性饲料原料只应使用鱼粉，其他动物源性饲料不应使用；鱼粉应来自经国家饲料管理部门认定的产地或加工厂；如是进口饲料原料，应来自经过绿色食品工作机构认定的产地或加工厂。

【调查表页面】

五　饲料加工及存储情况

简述饲料加工流程⑯	
简述饲料存储过程防潮、防鼠、防虫措施⑰	
绿色食品与非绿色食品饲料是否分区储藏，如何防止混淆？⑱	

注：相关标准见《绿色食品　饲料及饲料添加剂使用准则》（NY/T 471）和《绿色食品储藏运输准则》（NY/T 1056）。

【审查常见问题】

⑯ 自制饲料或外购饲料原料添加至饲喂饲料中的，未填写饲料加工情况。

⑰ 未明确饲料储藏中防潮、防鼠、防虫的具体措施，涉及药剂使用的，未明确药剂名称、施用量及使用方法。

⑱ 存在与非绿色食品饲料同库储藏情况，缺少区分管理措施，或描述与实际生产情况不符。

【调查表页面】

六　肥料使用情况⑲

肥料名称	来源	用量	使用方法	用途	使用时间

注：藻类、自育苗种前期涉及培肥处理等填写。相关标准见《绿色食品　肥料使用准则》（NY/T 394）。

【审查常见问题】

⑲ 海带、螺旋藻等藻类养殖和养殖水域培肥处理的应填写肥料使用情况。

【调查表页面】

七 疾病防治情况

产品名称	药物/疫苗名称	使用方法⑳	停药期㉑

注：1. 相关标准见《绿色食品 渔药使用准则》(NY/T 755)。
2. 表格不足可自行增加行数。

【审查常见问题】

⑳ 使用方法与说明书中或兽医开具的药剂/疫苗使用方法不一致；疾病防治用药物/疫苗不符合国家相关规定或《绿色食品 渔药使用准则》(NY/T 755)要求。

㉑ 停药期不符合国家相关规定或《绿色食品 渔药使用准则》(NY/T 755)要求。

【调查表页面】

八 水质改良情况

药物名称㉒	用途㉓	用量	使用方法	来源

注：1. 相关标准见《绿色食品 渔药使用准则》(NY/T 755)。
2. 表格不足可自行增加行数。

【审查常见问题】

㉒ 使用药物非水质改良药剂；水质改良用药不符合《绿色食品 渔药使用准则》(NY/T 755)要求。

㉓ 用途的填写内容与药剂实际作用不一致。

【调查表页面】

九　捕捞情况

产品名称	捕捞规格㉔	捕捞时间㉕	收获量（吨）㉖	捕捞方式及工具㉗

【审查常见问题】

　　㉔ 捕捞规格不符合水产品商品规格。

　　㉕ 捕捞时间应具体到月份。

　　㉖ 收获量应不小于申请产量。

　　㉗ 捕捞方式和工具应按不同申请产品分别填写。

【调查表页面】

十　初加工、包装、储藏和运输

是否进行初加工（清理、晾晒、分级等）？简述初加工流程㉘	
简述水产品收获后防止有害生物发生的管理措施㉙	
使用什么包装材料？是否符合食品级要求？㉚	
简述储藏方法及仓库卫生情况。简述存储过程防潮、防鼠、防虫措施㉛	
说明运输方式及运输工具。简述运输工具清洁措施㉜	
简述运输过程中保活（保鲜）措施㉝	
简述与同类非绿色食品产品一起储藏、运输中的防混、防污、隔离措施㉞	

　　注：相关标准见《绿色食品　包装通用准则》（NY/T 658）和《绿色食品　储藏运输准则》（NY/T 1056）。

【审查常见问题】

　　㉘ 未填写具体处理措施，如清洗使用水来源、去壳去内脏工具、操作方法等。

　　㉙ 涉及药剂使用的，未明确药剂名称、施用量及使用方法。

　　㉚ 未明确包装材料。

　　㉛ 未明确储藏方法，如鲜活直销、速冻、冷冻等；未明确仓库防潮、防鼠、防虫的具体措施，涉及药剂使用的，未明确药剂名称、施用量及使用方法。

　　㉜ 未明确运输方式及工具，涉及药剂使用的，未明确药剂名称、施用量及使用方法。

　　㉝ 未明确鲜活水产品运输过程中存活率保障措施，涉及药剂使用的，未明确药剂名称、施用量及使用方法。

　　㉞ 存在与常规产品同库储藏情况，缺少区分管理措施，或描述与实际生产情况不符。

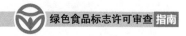

【调查表页面】

十一　废弃物处理及环境保护措施

填表人（签字）㉟：　　　　　　　　内检员（签字）㊱：

【审查常见问题】

㉟ 缺少填表人签字。

㊱ 缺少内检员签字；签字的内检员资质已过期。

（五）《食用菌调查表》审查常见问题

《食用菌调查表》审查中的常见问题如下。

【调查表页面】

食用菌调查表

申请人（盖章）① _____

申 请 日 期② _____年____月____日

中国绿色食品发展中心

【审查常见问题】

① 申请人名称与公章名称不一致；缺少申请人盖章。

② 申请日期与实际情况不符，晚于受理日期或现场检查日期。

【调查表页面】

一　申请产品情况

产品名称^③	栽培规模（万袋 / 万瓶 / 亩）	鲜品 / 干品^④年产量（吨）	基地位置^⑤

【审查常见问题】

③ 产品名称与《绿色食品标志使用申请书》或现场检查报告、初审报告不一致；产品名称不能体现产品真实属性。

④ 未明确申请产品是鲜品还是干品。

⑤ 基地位置未具体到乡（镇）、村，基地村填写不全；基地类型与申请材料中相关证明材料不一致。

【调查表页面】

二　产地环境基本情况

产地是否位于生态环境良好、无污染地区，是否避开污染源？	
养殖基地是否距离公路、铁路、生活区 50 米以上，距工矿企业 1 千米以上？	
绿色食品生产区和常规生产区域之间是否有缓冲带或物理屏障？请具体描述^⑥	
请描述产地及周边的动植物生长、布局等情况	

注：相关标准见《绿色食品　产地环境质量》（NY/T 391）和《绿色食品　产地环境调查、监测与评价规范》（NY/T 1054）。

【审查常见问题】

⑥ 填写有隔离措施，未具体描述或不符合《绿色食品　产地环境质量》（NY/T 391）、《绿色食品　产地环境调查、监测与评价规范》（NY/T 1054）有关规定。

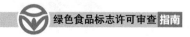

【调查表页面】

三　基质组成／土壤栽培情况

产品名称⑦	成分名称⑧	比例（％）⑨	年用量（吨）	来源⑩

注：1．"比例（％）"指某种食用菌基质中每种成分占基质总量的百分比。
　　2．该表可根据不同食用菌依次填写。

【审查常见问题】

⑦ 未按照申请品种分别填写。
⑧ 未按照实际使用成分进行填写。
⑨ 未按照实际使用比例进行填写。
⑩ 未填写所用成分来源，或来源表述不清。

【调查表页面】

四　菌种处理

菌种（母种）来源⑪		接种时间⑫	
外购菌种是否有标签和购买凭证？			
简述菌种的培养和保存方法			
菌种是否需要处理？简述处理药剂有效成分、用量、用法⑬			

【审查常见问题】

⑪ 未按照申请品种分别填写。
⑫ 未填写本年度每批次接种时间。
⑬ 未明确菌种来源为自繁或外购；菌种有经处理的，未具体描述处理方式。

【调查表页面】

五　污染控制管理

基质如何消毒？⑭	
菇房如何消毒？⑮	
请描述其他潜在污染源（如农药化肥、空气污染等）⑯	

【审查常见问题】

　　⑭ 未填写具体消毒措施，如有药剂使用的，未描述使用药剂名称及使用时间，或药剂使用不符合《绿色食品　农药使用准则》（NY/T 393）要求。

　　⑮ 未填写具体消毒措施，如有药剂使用的，未描述使用药剂名称及使用时间等。

　　⑯ 填写有其他污染源，未具体描述或不符合《绿色食品　农药使用准则》（NY/T 393）有关规定。

【调查表页面】

六　病虫害防治措施

常见病虫害		
采用何种物理防治措施？请具体描述		
采用何种生物防治措施？请具体描述		
农药使用情况		
产品名称⑰	通用名称⑱	防治对象⑲

注：1.相关标准见《绿色食品　农药使用准则》（NY/T393）。
　　2.该表应按食用菌品种分别填写。

【审查常见问题】

　　⑰ 未按照申请品种分别填写。

　　⑱ 未正确、完整填写农药名称；混配农药未明确每种成分的名称。

　　⑲ 农药选用不科学合理，不适用于防治对象，不符合《农药合理使用准则》（GB/T 8321）和《绿色食品　农药使用准则》（NY/T 393）要求。

【调查表页面】

七　用水情况㉑

基质用水来源		基质用水量（千克／吨）	
栽培用水来源		栽培用水量（吨／亩）	

【审查常见问题】

　　㉑ 未按照实际情况填写用水来源。

【调查表页面】

八　采后处理㉑

简述采收时间、方式	
产品收获时存放的容器或工具及其材质，请详细描述	
收获后是否有清洁过程？如是，请描述清洁方法	
收获后是否对产品进行挑选、分级？如是，请描述方法	
收获后是否有干燥过程？如是，请描述干燥方法	
收获后是否采取保鲜措施？如是，请描述保鲜方法	
收获后是否需要进行其他预处理？如是，请描述其过程	
使用何种包装材料、包装方式、包装规格？是否符合食品级要求？	
产品收获后如何运输？	

【审查常见问题】

　　㉑ 未按照实际情况填写预处理措施，如涉及使用清洁剂、保鲜剂的未填写具体名称；未正确描述包装材料具体材质及包装方式；相关措施和操作应符合《绿色食品　包装通用准则》（NY/T 658）和《绿色食品　农药使用准则》（NY/T 393）要求。

【调查表页面】

九　食用菌初加工

请描述初加工的工艺流程和条件^㉒：

产品名称^㉓	原料名称	原料量（吨）	出成率（%）^㉔	成品量（吨）

【审查常见问题】

㉒ 所有产品按照同一加工工艺填写工艺流程；使用漂白剂、增白剂、荧光剂等非法添加物质。

㉓ 产品名称与《绿色食品标志使用申请书》或现场检查报告、初审报告不一致；成品量与申报产量不一致；产品名称不能体现产品真实属性。

㉔ 出成率未按照实际情况填写。

【调查表页面】

十　废弃物处理及环境保护措施^㉕

填表人（签字）^㉖：　　　　　　　　　内检员（签字）^㉗：

【审查常见问题】

㉕ 废弃物处理不符合国家标准和绿色食品有关要求。

㉖ 缺少填表人签字。

㉗ 缺少内检员签字；签字的内检员资质已过期。

（六）《蜂产品调查表》审查常见问题

《蜂产品调查表》审查中的常见问题如下。

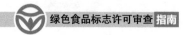
【调查表页面】

蜂产品调查表

申请人（盖章）① _____

申　请　日　期② _____年____月____日

中国绿色食品发展中心

【审查常见问题】

　　① 请人名称与公章名称不一致；缺少申请人盖章。

　　② 申请日期与实际情况不符，晚于受理日期或现场检查日期。

【调查表页面】

一　产地环境基本情况（蜜源地和蜂场）

基地位置（蜜源地和蜂场）③	
产地是否位于生态环境良好、无污染地区，是否避开污染源？	
产地是否远离公路、铁路、生活区 50 米以上，距离工矿企业 1 千米以上？④	
请描述产地及周边植物的农药、肥料等投入品使用情况⑤	
请描述产地及周边的动植物生长、布局等情况	

　　注：相关标准见《绿色食品　产地环境质量》（NY/T 391）和《绿色食品　产地环境调查、监测与评价规范》（NY/T 1054）。

【审查常见问题】

　　③ 基地位置与蜂场位置、环境检测报告位置等不一致。

　　④ 未明确产地是否远离工矿区和公路铁路干线，距离工矿企业 1 千米以上。

　　⑤ 产地及周边植物的农药、肥料等投入品使用情况未具体描述。

【调查表页面】

二　蜜源植物

蜜源植物名称⑥	流蜜时间⑦ （起止时间）		蜜源地规模 （万亩）	
蜜源地常见病虫草害⑧				
病虫草害防治方法。若使用农药，请明确农药名称、用量、防治对象和安全间隔期等内容⑨				
蜂场周围半径 3 ~ 5 千米范围内有毒有害蜜源植物				

注：不同蜜源植物应分别填写。

【审查常见问题】

⑥ 蜜源植物表述不明确。

⑦ 流蜜时间与蜜源植物开花时间不符。

⑧ 常见病虫草害填写与实际不符。

⑨ 农药名称、用量、防治对象和安全间隔期等内容未具体描述，农药名称填写不规范。

【调查表页面】

三　蜂　场

蜂种（中蜂、意蜂、黑蜂、无刺蜂）	蜂箱数⑩		生产期采收次数	
用何种材料制作蜂箱？⑪				
巢础来源及材质				
蜂场及蜂箱如何消毒，请明确消毒剂名称、用量、批准文号、使用时间、采蜜间隔期等内容⑫				
蜂场如何培育蜂王				
蜜蜂饮用水来源⑬				
是否转场饲养？转场期间是否饲喂？请具体描述⑭				

【审查常见问题】

⑩ 蜂箱数与生产规模和蜂场清单等不一致。

⑪ 蜂箱制作材料可能含有或引入有害物质。

⑫ 消毒剂名称、用量、批准文号、使用时间、采蜜间隔期等内容未具体描述。

⑬ 未明确水源来源，如自来水、露水等。

⑭ 转场期间饲喂方式和饲料成分描述不具体。

【调查表页面】

四　饲　喂

饲料名称	饲喂时间	用量（吨）	来源⑮

注：1. 相关标准见《绿色食品　饲料及饲料添加剂使用准则》（NY/T 471）。

　　2. 表格不足可自行增加行数。

【审查常见问题】

　　⑮ 饲喂来源不具体，应明确为自流蜜、外购企业名称等。

【调查表页面】

五　蜜蜂常见疾病防治

蜜蜂常见疾病⑯				
防治措施				
兽药名称⑰	批准文号⑱	用途⑲	用量	采蜜间隔期⑳

注：1. 相关标准见《绿色食品　兽药使用准则》（NY/T 472）。

　　2. 表格不足可自行增加行数。

【审查常见问题】

　　⑯ 蜜蜂常见疾病描述与实际情况不符或未填写。

　　⑰ 兽药名称为商品名，未标注成分，无法查询核实。

　　⑱ 批准文号错误，无法查询。

　　⑲ 兽药成分与用途不对应。

　　⑳ 未填写采蜜间隔期。

【调查表页面】

六 采收、储存及运输情况

采收原料类别	蜂蜜□	蜂王浆□	蜂花粉□	其他产品□
采收方式				
采收设备及材质				
采收时间				
采收数量（千克 / 蜂箱）[21]				
取蜜设备使用前后是否清洗，请具体描述				
是否存在非绿色食品生产？请描述区分管理措施[22]				
如何储存？包括从采收到加工过程中的储存环境、间隔时间、储存设备等，请具体描述[23]				
储存设备使用前后是否清洗，请具体描述清洗情况				
如何运输？请具体描述				

【审查常见问题】

　　[21] 采收数量与申报数量不一致。

　　[22] 有平行生产但未提供区别管理制度。

　　[23] 储存环境、间隔时间、储存设备等未具体说明。

【调查表页面】

七 废弃物处理及环境保护措施

填表人（签字）[24]：　　　　　　　　　内检员（签字）[25]：

【审查常见问题】

　　[24] 缺少填表人签字。

　　[25] 缺少内检员签字；签字的内检员资质已过期。

三、现场检查报告审查常见问题

（一）《种植产品现场检查报告》审查常见问题

《种植产品现场检查报告》审查中常见的问题如下。

【检查报告页面】

种植产品现场检查报告

申请人①						
申请类型②		□初次申请　　□续展申请　　□增报申请				
申请产品③						
检查组派出单位						
检查组④	分工	姓名	工作单位	注册专业⑤		
				种植	养殖	加工
	组长					
	成员					
检查日期⑥						

中国绿色食品发展中心

注：标 ※ 内容应具体描述，其他内容做判断评价。

【审查常见问题】

①申请人名称与申请书、营业执照等名称不一致。

②申请产品类型与申请人实际不符。

③申请产品名称与申请书、产品检验报告等材料中名称不一致；申请产品名称不符合《食品安全国家标准　预包装食品标签通则》（GB 7718）要求。

④未填写所有参与现场检查的检查员、实习检查员、技术专家等人员信息。

⑤检查员注册专业未涵盖申请产品。

⑥检查日期与实际现场检查日期不一致；涉及补充检查的，未填写补充现场检查时间。

【检查报告页面】

一、基本情况

序号	检查项目	检查内容	检查情况
1	基本情况	申请人的基本情况与申请书内容是否一致？	
		申请人的营业执照、商标注册证、土地权属证明等资质证明文件是否合法、齐全、真实？⑦	
		是否在国家农产品质量安全追溯管理信息平台完成注册？⑧	
		申请前三年或用标周期（续展）内是否有质量安全事故和不诚信记录？	
		※ 简述绿色食品生产管理负责人姓名、职务	
		※ 简述内检员姓名、职务⑨	
2	种植基地及产品情况	※ 简述基地位置（具体到村）、面积⑩	
		※ 简述种植产品名称、面积⑪	
		基地分布图、地块分布图与实际情况是否一致？	
		※ 简述生产组织形式［自有基地、基地入股型合作社、流转土地、公司＋合作社（农户）、全国绿色食品原料标准化生产基地］⑫	
		种植基地 / 农户 / 社员 / 内控组织清单是否真实有效？	
		种植合同（协议）及购销凭证是否真实有效？	

【审查常见问题】

⑦ 检查员现场检查时，未对申请人营业执照、商标注册证书、土地权属证明等资质证明文件中申请人名称、核准范围、有效期等内容进行复核。

⑧ 未在国家农产品质量安全追溯管理信息平台完成注册。

⑨ 内检员未挂靠申请人；内检员姓名与内检员证书不一致；内检员资质已过期。

⑩ 基地位置与种植产品调查表、土地证明材料等不一致。

⑪ 种植产品名称、面积与种植产品调查表不一致；产品种植面积大于土地证明材料及产地环境检验报告中面积；涉及多种产品的，未按产品分别填写面积。

⑫ 生产组织形式与申请人实际情况不符。

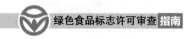

绿色食品标志许可审查指南

【检查报告页面】

二、质量管理体系

3	质量控制规范	质量控制规范是否健全？（应包括人员管理、投入品供应与管理、种植过程管理、产品采后管理、仓储运输管理、培训、档案记录管理等）	
		是否涵盖了绿色食品生产的管理要求？	
		种植基地管理制度在生产中是否能够有效落实？相关制度和标准是否在基地内公示？	
		是否有绿色食品标志使用管理制度？	
		是否存在非绿色产品生产？是否建立区分管理制度？	
4	生产操作规程⑬	是否包括种子种苗处理、土壤培肥、病虫害防治、灌溉、收获、初加工、产品包装、储藏、运输等内容？	
		是否科学、可行，符合生产实际和绿色食品标准要求？	
		是否上墙或在醒目位置公示？	
5	产品质量追溯	是否有产品内检制度和内检记录？	
		是否有产品检验报告或质量抽检报告？	
		※ 是否建立了产品质量追溯体系？描述其主要内容	
		是否保存了能追溯生产全过程的上一生产周期或用标周期（续展）的生产记录？	
		记录中是否有绿色食品禁用的投入品？	
		是否具有组织管理绿色食品产品生产和承担责任追溯的能力？	

【审查常见问题】

　　⑬ 检查员对生产操作规程中的种苗处理、土壤培肥、病虫草害防治、采收运输、加工储藏等检查描述与生产实际不符。

【检查报告页面】

三、产地环境质量

6	产地环境⑭	※ 简述地理位置、地形地貌	
		※ 简述年积温、年平均降水量、日照时数等	
		※ 简述当地主要植被及生物资源等	
		※ 简述农业种植结构	
		※ 简述生态环境保护措施	
		产地是否距离公路、铁路、生活区50米以上，距离工矿企业1千米以上？	
		产地是否远离污染源，配备切断有毒有害物进入产地的措施？	
		是否建立生物栖息地，保护基因多样性、物种多样性和生态系统多样性，以维持生态平衡？	
		是否能保证产地具有可持续生产能力，不对环境或周边其他生物产生污染？	
		绿色食品与非绿色生产区域之间是否有缓冲带或物理屏障？	
7	灌溉水源⑮	※ 简述灌溉水来源	
		※ 简述灌溉方式	
		是否有引起灌溉水受污染的污染物及其来源？	
8	环境检测项目⑯	空气	□检测
			□符合 NY/T 1054 免测要求
			□提供了符合要求的环境背景值
			□续展产地环境未发生变化免测

8	环境检测项目⑯	土壤	□检测
			□符合 NY/T 1054 免测要求
			□提供了符合要求的环境背景值
			□续展产地环境未发生变化免测
		灌溉水	□检测
			□符合 NY/T 1054 免测要求
			□提供了符合要求的环境背景值
			□续展产地环境未发生变化免测

【审查常见问题】

⑭ 地质地貌、气候条件、农业种植结构等检查描述与申请人基地实际情况不一致；未对生态保护措施等进行描述。

⑮ 灌溉水来源不明确，灌溉方式填写不规范，且与申请人生产实际不符。

⑯ 检查员未对免测项目进行判定，未选择正确的免测依据。

【检查报告页面】

四、种子（种苗）

9	种子（种苗）来源⑰	※ 简述品种及来源	
		外购种子（种苗）是否有标签和购买凭证?	
10	种子（种苗）处理⑱	※ 简述处理方式	
		※ 是否包衣? 简述包衣剂种类、用量	
		※ 简述处理药剂的有效成分、用量、用法	
11	播种 / 育苗	※ 简述土壤消毒方法	
		※ 简述营养土配制方法	
		※ 简述药土配制方法	

【审查常见问题】

⑰ 检查员未对种子（种苗）品种及来源进行描述。

⑱ 检查员未对种子（种苗）处理药剂有效成分、用量和用法等进行描述。

【检查报告页面】

五、作物栽培与土壤培肥[19]

12	作物栽培[20]	※ 简述栽培类型（露地/设施等）	
		※ 简述作物轮作、间作、套作情况	
13	土壤肥力与改良[21]	※ 简述土壤类型、肥力状况	
		※ 简述土壤肥力保持措施	
		※ 简述土壤障碍因素	
		※ 简述使用土壤调理剂名称、成分和使用方法	
14	肥料使用	是否施用添加稀土元素的肥料？	
		是否施用成分不明确的、含有安全隐患成分的肥料？	
		是否施用未经发酵腐熟的人畜粪尿？	
		是否施用生活垃圾、污泥和含有害物质（如毒气、病原微生物、重金属等）的工业垃圾？	
		是否使用国家法律法规不得使用的肥料？	
15	农家肥料[22]	是否秸秆还田？	
		※ 是否种植绿肥？简述其种类及亩产量	
		※ 是否堆肥？简述其来源、堆制方法（时间、场所、温度）、亩施用量	
		※ 简述其他农家肥料的种类、来源及亩施用量	
16	商品有机肥	※ 简述有机肥的种类、来源及亩施用量，有机质、N、P、K等主要成分含量[23]	
17	微生物肥料	※ 简述种类、来源及亩施用量	
18	有机—无机复混肥料、无机肥料	※ 简述每种肥料的种类、来源及亩施用量，有机质、N、P、K等主要成分含量[24]	
19	氮素用量[25]	※ 申请产品当季实际无机氮素用量（千克/亩）	
		※ 当季同种作物氮素需求量（千克/亩）	
20	肥料使用记录	是否有肥料使用记录？（包括地块、作物名称与品种、施用日期、肥料名称、施用量、施用方法和施用人员等）	

【审查常见问题】

[19]农家肥料、商品有机肥、微生物肥料、无机肥料等未按要求填入对应表格。

[20]未具体描述栽培类型，以及作物轮作、间作、套作情况。

[21]未具体描述土壤类型、肥力状况及肥力保持措施。

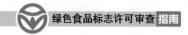

㉒农家肥堆制情况检查描述与种植产品调查表不一致；未具体描述堆肥来源及堆制方法。

㉓商品有机肥未明确有机质、氮、磷、钾等主要成分含量。

㉔有机—无机复混肥料、无机肥料未明确有机质、氮、磷、钾等主要成分含量。

㉕未根据氮肥含氮量核算氮素用量；氮素用量核算不正确；涉及多个产品的，氮素用量未按产品分别核算。

【检查报告页面】

六、病虫草害防治

21	病虫草害 发生情况㉖	※ 简述本年度发生的病虫草害名称及危害程度	
22	农业防治㉗	※ 简述具体措施及防治效果	
23	物理防治㉗	※ 简述具体措施及防治效果	
24	生物防治㉗	※ 简述具体措施及防治效果	
25	农药使用	※ 简述通用名、防治对象㉘	
		是否获得国家农药登记许可？	
		农药种类是否符合 NY/T 393 要求？	
		是否按农药标签规定使用范围、使用方法合理使用？	
		※ 简述使用 NY/T 393 表 A.1 规定的其他不属于国家农药登记管理范围的物质（物质名称、防治对象）	
26	农药使用 记录	是否有农药使用记录？（包括地块、作物名称和品种、使用日期、药名、使用方法、使用量和施用人员）	

【审查常见问题】

㉖ 检查员未对本年度发生的病虫草害及危害程度进行描述。

㉗ 检查员未对申请人采取的农业防治、物理防治、生物防治等措施及防治效果进行描述。

㉘ 农药及其他植保产品未按要求填写通用名或有效成分，未明确防治对象。

【检查报告页面】

七、采后处理

27	收获	※ 简述作物收获时间、方式[29]	
		是否有收获记录？	
28	初加工[30]	※ 简述作物收获后初加工处理（清理、晾晒、分级等）？	
		是否打蜡？是否使用化学药剂？成分是否符合 GB 2760、NY/T 393 等标准要求？	
		※ 简述加工厂所地址、面积、周边环境	
		※ 简述厂区卫生制度及实施情况	
		※ 简述加工流程	
		※ 是否清洗？简述清洗用水的来源	
		※ 简述加工设备及清洁方法	
		※ 加工设备是否同时用于绿色和非绿色产品？如何防止混杂和污染？	
		※ 简述清洁剂、消毒剂种类和使用方法，如何避免对产品产生污染？	

【审查常见问题】

　　[29] 产品收获时间与申请产品生产实际不符；产品收获时间与种植产品调查表填写不一致；涉及多茬或多品种的，未按产品分别填写收获时间。

　　[30] 未具体描述加工厂周边环境，厂区卫生制度及实施情况，清洁剂、消毒剂种类和使用情况。

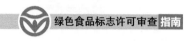

【检查报告页面】

八、包装与储运

29	包装材料	※ 简述包装材料、来源	
		※ 简述周转箱材料，是否清洁？	
		包装材料选用是否符合 NY/T 658 标准要求？	
		是否使用聚氯乙烯塑料？直接接触绿色食品的塑料包装材料和制品是否符合以下要求：未含有邻苯二甲酸酯、丙烯腈和双酚 A 类物质；未使用回收再用料等	
		纸质、金属、玻璃、陶瓷类包装性能是否符合 NY/T 658 标准要求	
		油墨、贴标签的黏合剂等是否无毒？是否直接接触食品？	
		是否可重复使用、回收利用或可降解？	
30	标志与标识⑪	是否提供了带有绿色食品标志的包装标签或设计样张？（非预包装食品不必提供）	
		包装标签标识及标识内容是否符合 GB 7718、NY/T 658 等标准要求？	
		绿色食品标志设计是否符合《中国绿色食品商标标志设计使用规范手册》要求？	
		包装标签中生产商、商品名、注册商标等信息是否与上一周期绿色食品标志使用证书中一致？（续展）	
31	生产资料仓库⑫	是否与产品分开储藏？	
		※ 简述卫生管理制度及执行情况	
		绿色食品与非绿色食品使用的生产资料是否分区储藏、区别管理？	
		※ 是否储存了绿色食品生产禁用物？禁用物如何管理？	
		出入库记录和领用记录是否与投入品使用记录一致？	

32	产品储藏仓库㉜	周围环境是否卫生、清洁，远离污染源？	
		※简述仓库内卫生管理制度及执行情况	
		※简述储藏设备及储藏条件，是否满足产品温度、湿度、通风等储藏要求？	
		※简述堆放方式，是否会对产品质量造成影响？	
		是否与有毒、有害、有异味、易污染物品同库存放？	
		※简述与同类非绿色食品产品一起储藏的如何防混、防污、隔离	
		※简述防虫、防鼠、防潮措施，说明使用的药剂种类和使用方法，是否符合 NY/T 393 规定？	
		是否有储藏管理记录？	
		是否有产品出入库记录？	
33	运输管理	※简述采用何种运输工具	
		※简述保鲜措施	
		是否与化肥、农药等化学物品及其他任何有害、有毒、有气味的物品一起运输？	
		铺垫物、遮垫物是否清洁、无毒、无害？	
		运输工具是否同时用于绿色食品和非绿色食品？如何防止混杂和污染？	
		※简述运输工具清洁措施	
		是否有运输过程记录？	

【审查常见问题】

㉛申请人包装标签使用情况描述与申请材料不一致；产品包装标签及标识内容不符合《食品安全国家标准　预包装食品标签通则》（GB 7718）、《绿色食品　包装通用准则》（NY/T 658）要求；产品预包装标签绿色食品标志设计不规范；续展申请人包装标签信息与上一周期绿色食品证书不一致。

㉜未具体描述生产资料仓库、产品储藏仓库等卫生管理制度及执行情况，以及绿色食品与非绿色食品生产资料区别管理情况。

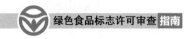

【检查报告页面】

九、废弃物处理及环境保护措施

34	废弃物处理	污水、农药包装袋、垃圾等废弃物是否及时处理?	
		废弃物存放、处理、排放是否对食品生产区域及周边环境造成污染?	
35	环境保护	※ 如果造成污染,采取了哪些保护措施?	

十、绿色食品标志使用情况(仅适用于续展)

36	是否提供了经核准的绿色食品标志使用证书?	
37	是否按规定时限续展?	
38	是否执行了《绿色食品标志商标使用许可合同》?	
39	续展申请人、产品名称等是否发生变化?	
40	质量管理体系是否发生变化?	
41	用标周期内是否出现产品质量投诉现象?	
42	用标周期内是否接受中心组织的年度抽检?产品抽检报告是否合格?	
43	※ 用标周期内是否出现年检不合格现象?说明年检不合格原因	
44	※ 核实用标周期内标志使用数量、原料使用凭证	
45	申请人是否建立了标志使用出入库台账,能够对标志的使用、流向等进行记录和追踪?	
46	※ 用标周期内标志使用存在的问题	

十一、收获统计㉝

※ 作物名称	※ 种植面积(万亩)	※ 茬/年	※ 预计年收获量(吨)

【审查常见问题】

　　㉝ 申请种植面积、产量等信息与申请书不一致;申请产品产量与生产实际不符;涉及多产品的,未按产品分别填写。

【检查报告页面】

现场检查意见

现场检查 综合评价㉞	
检查意见㉟	□ 合格 □ 限期整改 □ 不合格

检查组成员签字㊱：

年　月　日

　　我确认检查组已按照《绿色食品现场检查通知书》的要求完成了现场检查工作，报告内容符合客观事实。㊲

申请人法定代表人（负责人）签字：

（盖章）
年　月　日

【审查常见问题】

　　㉞ 现场检查综合评价不能全面反映申请人质量管理体系、产地环境质量、产品生产过程、生产中投入品使用、包装储运、环境保护、绿色食品标志使用等情况。

　　㉟ 检查员未对现场检查合格与否进行判定。

　　㊱ 检查组成员未签字，日期未填写；现场检查报告完成时间超过绿色食品现场检查规范时限要求。

　　㊲ 申请人法定代表人（负责人）未签字盖章，日期未填写。

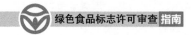

（二）《加工产品现场检查报告》审查常见问题

《加工产品现场检查报告》审查中常见的问题如下。

【检查报告页面】

加工产品现场检查报告

申请人①						
申请类型②	□初次申请　　□续展申请　　□增报申请					
申请产品③						
检查组派出单位						
检查组④	分工	姓名	工作单位	注册专业⑤		
				种植	养殖	加工
	组长					
	成员					
检查日期⑥						

中国绿色食品发展中心

注：标 ※ 内容应具体描述，其他内容做判断评价。

【审查常见问题】

①申请人名称与申请书、营业执照等名称不一致。

②申请产品类型与申请人实际不符。

③申请产品名称与申请书、产品检验报告等材料中名称不一致；申请产品名称不符合《食品安全国家标准　预包装食品标签通则》（GB 7718）标准要求。

④未填写所有参与现场检查的检查员、实习检查员、技术专家等人员信息。

⑤检查员注册专业未涵盖申请产品。

⑥检查日期与实际现场检查日期不一致；涉及补充检查的，未填写补充现场检查时间。

【检查报告页面】

一、基本情况

序号	检查项目	检查内容	检查情况
1	基本情况	申请人的基本情况与申请书内容是否一致？	
		※ 是否有委托加工？被委托加工方名称⑦	
		营业执照是否真实有效、满足绿色食品申报要求？	
		食品生产许可证、定点屠宰许可证、食盐定点生产许可证、采矿许可证、取水许可证等是否真实有效、满足申请产品生产要求？⑧	
		商标注册证是否真实有效、核定范围包含申报产品？	
		是否在国家农产品质量安全追溯管理信息平台完成注册？⑨	
		申请前三年或用标周期（续展）内是否有质量安全事故和不诚信记录？	
		※ 简述绿色食品生产管理负责人姓名、职务	
		※ 简述内检员姓名、职务⑩	
2	加工厂情况	※ 简述厂区位置	
		厂区分布图与实际情况是否一致？	

【审查常见问题】

⑦ 检查员对委托加工检查描述与加工产品调查表不一致。

⑧ 检查员现场检查时，未对申请人营业执照、食品生产许可证、商标注册证书、土地权属证明等资质证明文件中申请人名称、核准范围、有效期等内容进行复核。

⑨ 未在国家农产品质量安全追溯管理信息平台完成注册。

⑩ 内检员未挂靠申请人；内检员姓名与内检员证书不一致；内检员资质已过期。

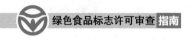

【检查报告页面】

二、质量管理体系

3	质量控制规范⑪	是否涵盖组织管理、原料管理、生产过程管理、环境保护、区分管理、培训考核、内部检查及持续改进、检测、档案管理、质量追溯管理等制度?	
		是否涵盖了绿色食品生产的管理要求?	
		绿色食品制度在生产中是否能够有效落实?相关制度和标准是否在基地内公示?	
		是否建立中间产品和不合格品的处置、召回等制度?	
		是否有其他质量管理体系文件(ISO9001、ISO22000、HACCP等)?	
		是否有绿色食品标志使用管理制度?	
		是否存在非绿色产品生产?是否建立区分管理制度?	
4	生产操作规程⑫	是否按照绿色食品全程质量控制要求包含主辅料使用、生产工艺、包装储运等内容?	
		生产操作规程是否科学、可行,符合生产实际和绿色食品标准要求?	
		是否上墙或在醒目位置公示?	
5	产品质量追溯	是否有产品内检制度和内检记录?	
		是否有产品检验报告或质量抽检报告?	
		※ 是否建立了产品质量追溯体系?描述其主要内容	
		是否保存了能追溯生产全过程的上一生产周期或用标周期(续展)的生产记录?	
		记录中是否有绿色食品禁用的投入品?	
		是否具有组织管理绿色食品产品生产和承担责任追溯的能力?	

【审查常见问题】

⑪ 检查员对申请人质量控制规范的评价与生产实际不符。

⑫ 检查员对加工规程中的产品加工、储运、包装等检查描述与生产实际不符。

【检查报告页面】

三、产地环境质量

6	产地环境质量⑬	产地是否距离公路、铁路、生活区 50 米以上，距离工矿企业 1 千米以上？	
		周边是否存在对生产造成危害的污染源或潜在污染源？	
		厂内环境、生产车间环境及生产设施等是否适宜绿色食品发展？	
		加工厂内区域和设施是否布局合理？	
		生产车间内生产线、生产设备是否满足要求？	
		卫生条件是否符合 GB 14881 标准要求？	
		生产车间是否物流、人流合理？	
		绿色食品与非绿色生产区域之间是否有效隔离？	
7	环境检测项目⑭	空气	□检测
			□符合 NY/T 1054 免测要求
			□提供了符合要求的环境背景值
			□续展产地环境未发生变化免测
		加工水	□检测
			□矿泉水水源免测；生活饮用水、饮用水水源、深井水免测（限饮用水产品的水源）
			□提供了符合要求的环境背景值免测
			□续展产地环境未发生变化免测
			□不涉及

【审查常见问题】

⑬ 环境检查描述与申请人基地实际情况不一致。

⑭ 检查员未对免测项目进行判定，未选择正确的免测依据。

【检查报告页面】

四、生产加工

8	生产工艺	※ 简述工艺流程⑮	
		是否满足生产需求？	
		是否有潜在质量风险？	
		是否设立了必要的监控手段？	
9	生产设备	是否满足生产工艺要求？	
		是否有潜在风险？	
10	清洗⑯	※ 简述清洗制度或措施的实施情况	
		※ 简述清洗对象、清洗剂成分、清洗时间方法。是否有清洗记录？	
11	消毒⑰	※ 简述消毒制度或措施的实施情况	
		※ 简述消毒对象、消毒剂成分、消毒时间方法。是否有消毒记录？	
12	生产人员	是否有相应资质？	
		是否掌握绿色食品生产技术要求？	

【审查常见问题】

⑮ 未填写工艺流程；工艺流程与申请产品不符。
⑯ 检查员未对生产加工过程中清洗情况进行描述。
⑰ 检查员未对生产加工过程中消毒情况进行描述。

· 178 ·

【检查报告页面】

五、主辅料和食品添加剂

13	主辅料	※ 简述每种产品主辅料的组成、配比、年用量、来源[18]	
		是否经过入厂检验且达标？	
		组成和配比是否符合绿色食品加工产品原料的规定？	
		主辅料购买合同和发票是否真实有效？	
14	食品添加剂	※ 简述每种产品中食品添加剂的添加比例、成分、年用量、来源[19]	
		是否经过入厂检验且达标？	
		添加剂使用是否符合 GB 2760 和 NY/T 392 标准要求？	
		购买合同和发票是否真实有效？	
15	生产用水	※ 简述加工水来源及预处理方式	
16	生产记录	主辅料等投入品的购买合同（协议）、领用、生产等记录是否真实有效？	

【审查常见问题】

⑱ 主辅料组成、配比、用量和来源等与申请材料不一致。

⑲ 食品添加剂添加比例、成分等不符合 GB 2760、NY/T 392 标准要求；食品添加剂添加比例、成分、年用量、来源等与申请材料不一致。

绿色食品标志许可审查指南

【检查报告页面】

六、包装与储运

17	包装材料⑳	※ 简述包装材料、来源	
		※ 简述周转箱材料，是否清洁？	
		包装材料选用是否符合 NY/T 658 标准要求？	
		是否使用聚氯乙烯塑料？直接接触绿色食品的塑料包装材料和制品是否符合以下要求：未含有邻苯二甲酸酯、丙烯腈和双酚 A 类物质；未使用回收再用料等	
		纸质、金属、玻璃、陶瓷类包装性能是否符合 NY/T 658 标准要求	
		油墨、贴标签的黏合剂等是否无毒，是否直接接触食品？	
		是否可重复使用、回收利用或可降解？	
18	标志与标识㉑	是否提供了带有绿色食品标志的包装标签或设计样张？（非预包装食品不必提供）	
		包装标签标识及标识内容是否符合 GB 7718、NY/T 658 等标准要求？	
		绿色食品标志设计是否符合《中国绿色食品商标标志设计使用规范手册》要求？	
		包装标签中生产商、商品名、注册商标等信息是否与上一周期绿色食品标志使用证书中一致？（续展）	
19	生产资料仓库㉒	是否与产品分开储藏？	
		※ 简述卫生管理制度及执行情况	
		绿色食品与非绿色食品使用的生产资料是否分区储藏、区别管理？	
		※ 是否储存了绿色食品生产禁用物？禁用物如何管理？	
		※ 简述防虫、防鼠、防潮措施，说明使用的药剂种类和使用方法，是否符合 NY/T 393 规定？	
		出入库记录和领用记录是否与投入品使用记录一致？	

· 180 ·

20	产品储藏仓库㉒	周围环境是否卫生、清洁，远离污染源？	
		※ 简述仓库内卫生管理制度及执行情况	
		※ 简述储藏设备及储藏条件，是否满足产品温度、湿度、通风等储藏要求？	
		※ 简述堆放方式，是否会对产品质量造成影响？	
		是否与有毒、有害、有异味、易污染物品同库存放？	
		※ 简述与同类非绿色食品产品一起储藏的如何防混、防污、隔离？	
		※ 简述防虫、防鼠、防潮措施，说明使用的药剂种类和使用方法，是否符合 NY/T 393 规定？	
		是否有储藏管理记录？	
		是否有产品出入库记录？	
21	运输管理	※ 采用何种运输工具？	
		运输条件是否满足产品保质储藏要求？	
		是否与化肥、农药等化学物品及其他任何有害、有毒、有气味的物品一起运输？	
		铺垫物、遮垫物是否清洁、无毒、无害？	
		运输工具是否同时用于绿色食品和非绿色食品？如何防止混杂和污染？	
		※ 简述运输工具清洁措施	

【审查常见问题】

⑳ 检查员未对包装材料及使用情况进行描述。

㉑ 申请人包装标签使用情况描述与申请材料不一致；产品包装标签及标识内容不符合《食品安全国家标准 预包装食品标签通则》(GB 7718)、《绿色食品 包装通用准则》(NY/T 658)要求；产品预包装标签绿色食品标志设计不规范；续展申请人包装标签信息与上一周期绿色食品证书不一致。

㉒ 未具体描述原料、成品储藏等卫生管理制度及执行情况，以及绿色食品与非绿色食品生产资料区别管理情况；未具体描述防虫、防鼠、防潮措施。

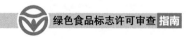

【检查报告页面】

七、废弃物处理及环境保护措施

22	废弃物处理	污水、下脚料、垃圾等废弃物是否及时处理？	
		废弃物存放、处理、排放是否对食品生产区域及周边环境造成污染？	
23	环境保护	※ 简述如果造成污染，采取了哪些保护措施？	

八、绿色食品标志使用情况（仅适用于续展）

24	是否提供了经核准的绿色食品标志使用证书？	
25	是否按规定时限续展？	
26	是否执行了《绿色食品标志商标使用许可合同》？	
27	续展申请人、产品名称等是否发生变化？	
28	质量管理体系是否发生变化？	
29	用标周期内是否出现产品质量投诉现象？	
30	用标周期内是否接受中心组织的年度抽检？产品抽检报告是否合格？	
31	※ 用标周期内是否出现年检不合格现象？说明年检不合格原因	
32	※ 核实用标周期内标志使用数量、原料使用凭证	
33	申请人是否建立了标志使用出入库台账，能够对标志的使用、流向等进行记录和追踪？	
34	※ 用标周期内标志使用存在的问题	

九、产量统计㉓

※ 产品名称	※ 原料用量（吨／年）	※ 出成率（%）	※ 预计年产量（吨）

【审查常见问题】

　　㉓原料用量、实际产量等信息与申请材料不一致；涉及多产品的，未按产品分别填写。

【检查报告页面】

现场检查意见

现场检查综合评价㉔	
检查意见㉕	□ 合格 □ 限期整改 □ 不合格

检查组成员签字㉖：

年　月　日

　　我确认检查组已按照《绿色食品现场检查通知书》的要求完成了现场检查工作，报告内容符合客观事实。㉗

申请人法定代表人（负责人）签字：

（盖章）
年　月　日

【审查常见问题】
　　㉔ 现场检查综合评价未能全面反映申请人质量管理体系、产地环境质量、产品生产过程、生产中投入品使用、包装储运、环境保护、绿色食品标志使用等情况。
　　㉕ 检查员未对现场检查合格与否进行判定。
　　㉖ 检查组成员未签字，日期未填写；现场检查报告完成时间超过绿色食品现场检查规范时限要求。
　　㉗ 申请人法定代表人（负责人）未签字盖章，日期未填写。

四、检验报告审查常见问题

（一）《产地环境检验报告》审查常见问题

《产地环境检验报告》审查中常见的问题如下。

【检验报告页面】

报告编号^①：

产地环境检验报告

受 检 单 位^②：

检验单位（盖章）^③：

报 告 日 期：

【审查常见问题】

①环境检测报告封面或报告内容中无报告编号；封面无中国计量认证（CMA）章、骑缝章等。

②受检单位与申请人名称不一致。

③检测单位未加盖单位公章。

【检验报告页面】

产地环境检验报告

受检单位④		检验类别		委托检验	
认定地点⑤		检验目的		绿色食品产地评价	
采集样品种类、数量⑥		采样日期			
采样人员⑦		认定规模			
水源		土壤类型			
检测依据⑧ （标准编号及名称）		检测项目（参数）		见检测结果页	
主要检测仪器⑨		实验环境条件	温度	符合要求	
			湿度	符合要求	
检验结论⑩				（检验检测专用章）⑪ 签发日期⑫：	
备注					
批准人：		审核人：		编制人⑬：	

【审查常见问题】

　　④ 受检单位与申请人、报告封面受检单位不一致。

　　⑤ 认定地点与申请人材料信息不一致。

　　⑥ 采集样品种类与受检单位委托或申报材料检测种类不一致；采集样品数量不符合《绿色食品　产地环境调查、监测与评价规范》（NYT 1054）相关规定。

　　⑦ 采样人员不满足 2 人及 2 人以上。

　　⑧ 环境检验依据绿色食品标准错误，执行标准版本有误。

　　⑨ 主要检测仪器未能涵盖大部分检测结果所需的仪器。

　　⑩ 检验结论格式未按照《绿色食品标志许可审查工作规范》相应要求表述；检验结论认证区域与申请人材料不一致或未涵盖申请人全部申报区域（包括面积不一致、申请人名称不一致）；土壤、水质分别出具环境检测报告，未对环境质量综合评价。

　　⑪ 检验报告结论处未加盖检验检测专用章。

　　⑫ 自环境抽样之日起 30 个工作日内完成检测工作的要求。

　　⑬ 检验报告无批准人、审核人和制表人签字。

【检验报告页面】

检验结果

样品类别		样品总数			检测依据			
样品名称和编号	采样地点及采样深度⑭	检测项目⑮	限值⑯	检测结果⑰	单项污染指数 P_i⑱	单项判定⑲	综合污染指数 $P_综$⑳	检测方法㉑
***** 报告结束 ****								

【审查常见问题】

⑭ 采样地点未在申请人申报的区域内或分布不符合采样布点原则；采样深度不符合《绿色食品　产地环境调查、监测与评价规范》（NY/T 1054）相关规定。

⑮ 检测项目不符合《绿色食品　产地环境质量》（NY/T 391）相关规定；检测项目分包未经中心备案审批或未标注出分包检测项目；检测项目缺项。

⑯ 限值不符合《绿色食品　产地环境质量》（NY/T 391）相关规定。

⑰ 检测结果严重偏离实际生产情况，如有机质检测值。

⑱ 单项污染指数 P_i 未按照《绿色食品　产地环境调查、监测与评价规范》（NY/T 1054）相关规定给出正确的计算结果。

⑲ 未给出单项判定结果合格或不合格。

⑳ 综合污染指数 $P_综$ 未按照《绿色食品　产地环境调查、监测与评价规范》（NY/T 1054）相关规定给出正确的计算结果。

㉑ 检验报告中无检测方法或检验方法已废止。

（二）《产品检验报告》审查常见问题

《产品检验报告》审查中常见的问题如下。

【检验报告页面】

报告编号①：

产品检验报告

受　检　单　位②：

检验单位（盖章）③：

报　告　日　期：

【审查常见问题】

　　①报告未提供原件；检测报告封面或报告内容中无报告编号；封面无中国计量认证（CMA）章、骑缝章等。

　　②受检单位与申请人名称不一致。

　　③检测单位未加盖单位公章。

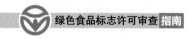

【检验报告页面】

检验报告

产品名称④		型号规格⑤		
		商标⑥		
受检单位⑦		检验类别		委托检验
生产单位⑧		产品等级、状态		
抽样地点		采样日期⑨		
数量/重量⑩		抽样人⑪		
抽样基数⑫		原编号或生产日期⑬		
检验依据⑭		检验项目		见下页
所用主要仪器		实验环境条件		符合要求
检验结论⑮		（检验检测专用章）⑯ 签发日期⑰：		
备注				

批准人：　　　　　审核人：　　　　　编制人⑱：

【审查常见问题】

④ 产品名称与申请人申报产品名称不一致。

⑤ 产品型号规格与申请人申报产品型号规格不一致。

⑥ 商标填写与申请人提供的使用商标不一致。

⑦ 受检单位与申请人名称不一致。

⑧ 填写的生产单位非申报产品实际生产单位。

⑨ 采样日期与抽样单不一致。

⑩ 数量/重量不符合《绿色食品　产品抽样准则》（NY/T 896）。

⑪ 抽样人数不满足两人及两人以上；抽样人为未经检测机构培训签订委托合同的绿色食品工作机构人员。

⑫ 抽样基数错误填写为申请人申报的总数量/重量。

⑬ 产品生产日期非申报当季产品。

⑭ 产品检验依据绿色食品标准错误，执行标准版本有误或选用标准与《绿色食品标准适用目录》不符。

⑮ 检验结论格式未按照《绿色食品　标志许可审查工作规范》相应要求表述；检验结论表述"仅对来样负责"。

⑯ 检验报告结论处未加盖检验检测专用章。

⑰ 签发日期超出自产品抽样之日起20个工作日内完成检测工作的要求。

⑱ 检验报告无批准人、审核人和制表人签字。

【检验报告页面】

检验结果

序号	检测项目⑲	计量单位	检测方法⑳	限值㉑	检验结果	单项判定㉒

***** 报告结束 ****

【审查常见问题】

　　⑲ 检测项目不符合绿色食品对应产品标准相关要求；检测项目分包未经中国绿色食品发展中心备案审批或未标注出分包检测项目；检测项目缺项。

　　⑳ 检验报告中无检测方法或检验方法已废止。

　　㉑ 限值不符合绿色食品对应产品标准相关规定。

　　㉒ 未给出单项判定结果合格或不合格。

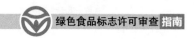

五、抽样单审查常见问题

《绿色食品抽样单》审查中常见的问题如下。

【抽样单页面】

No:		绿色食品抽样单		第　联	
产品情况	产品名称①		样品编号		
	商标②		产品执行标准③		
	证书编号		可追溯标识		
	同类多品种产品④	□是　　□否	型号规格⑤		
	生产日期或批号⑥		保质期		
	包装	□有　　□无	包装方式		
	保存要求	□常温　　□冷冻　　□冷藏			
抽样情况	抽样方法		采样部位		
	抽样场所	□生产基地　　□加工厂（场）　　□屠宰场　　□企业/成品库 □批发市场　　□农贸市场　　□超市　　□其他			
	抽样数量⑥		抽样基数⑦		
被抽单位情况⑧	名称			法定代表人	
	通信地址			邮编	
	联系人		电话	传真	
		E-mail			
生产单位情况⑨	□生产　□进货 单位名称			法定代表人	
	通信地址			邮编	
	联系人		电话	传真	
		E-mail			
抽样单位情况⑩	名称				
	通信地址			邮编	
	联系人		电话	传真	
被抽单位签署	本次抽样始终在本人陪同下完成，上述记录经核实无误。 被抽单位代表（签字）⑪：_____ 被抽单位（公章）： 　　　　　___年__月__日		抽样单位签署	本次抽样已按要求执行完毕，样品经双方人员共同封样，并做记录如上。 抽样人1：_____ 抽样人2⑫：_____ 抽样单位（公章）： 　　　　　___年__月__日	
备注	样品封存时间：_____年_____月____日____时 样品送（运）达实验室的期限：____年___月___日____时				

注：1. 本单一式四联，第一联留抽样单位，第二联留被抽单位，第三联随同样品运转至检测机构，第四联交任务下达部门。

2. 需要做选择的项目，在选中项目的"□"中打"√"。

【审查常见问题】

① 填写的产品名称未与申请材料申请产品保持一致。

② 填写的商标（注册人、组成形式）未与申请材料对应产品使用的商标保持一致。

③ 填写的产品执行标准与检测产品不相符；未采用最新绿色食品标准。

④ 未根据绿色食品审查规范填写抽样产品是否属于同类多品种产品。

⑤ 填写的生产日期或批号与现场检查时产品不对应。

⑥ 散装产品抽样数量少于3千克，个体少于3个；预包装产品(含有微生物检验项目)少于15个单包装，预包装产品（无微生物检验项目）少于6个单包装。

⑦ 抽样基数填写不符合实际抽样实际情况，非现场抽样时同一批次产品总量。

⑧ 填写的被抽单位的信息与申报主体信息不一致。

⑨ 填写的生产单位信息与申报产品实际产品生产单位的信息不一致。

⑩ 填写的抽样单位信息与申报主体委托的绿色食品检测机构的信息不一致。

⑪ 填写的被抽单位代表（签字）与申报主体未存在关联或不能代表申报主体签字。

⑫ 填写的抽样人员签字与检测机构不存在关联，或抽样人员为未经检测机构培训合格的绿色食品检查员。

附录 1

绿色食品标志许可审查工作规范

第一章 总 则

第一条 为规范绿色食品标志使用许可申请审查工作,保证审查工作的科学性、公正性和有效性,促进绿色食品事业高质量发展,根据国家相关法律法规、《绿色食品标志管理办法》、绿色食品标准及制度规定,制定本规范。

第二条 本规范所称审查,是指经中国绿色食品发展中心(以下简称"中心")及农业农村行政主管部门所属绿色食品工作机构(以下简称"工作机构")组织绿色食品检查员(以下简称"检查员"),依据绿色食品标准和相关规定,对申请人申请使用绿色食品标志的相关材料(以下简称"申请材料")实施符合性评价的特定活动。

第三条 审查应遵循下列原则:

(一)依法依标,合理合规。

(二)严审严查,质量第一。

(三)科学严谨,注重实效。

(四)独立客观,公平公正。

第二章　职责分工

第四条　审查工作应按照《绿色食品标志许可审查程序》组织实施，包括受理审查、初审、书面审查（综合审查）等。

第五条　受理审查，是指省级工作机构或受其委托的地市县级工作机构审查本行政区域内申请人提交的相关材料，并形成受理审查意见。国家级龙头企业可由中心直接受理审查，省级龙头企业可由省级工作机构受理审查。

第六条　初审，是指省级工作机构对本行政区域内受理审查意见及相关申请人材料复核，同时审查现场检查、产地环境和产品检验等材料，并形成初审意见。

第七条　综合审查，是指中心审查省级工作机构初审意见及其提交的完整申请材料，并形成综合审查意见。省级工作机构负责本行政区域内续展申请材料的综合审查，初审和综合审查可合并完成。中心负责省级工作机构续展意见及相关材料的备案和抽查。

第八条　涉及境外申请的可由中心直接受理审查，后续工作由中心统一负责。

第九条　检查员承担审查的具体工作。检查员须经中心核准注册且具有相应专业资质。

第十条　审查工作实行签字负责制。工作机构负责人及检查员应按照所执行的审查任务，认真履行审查职责，严格落实分级审查要求，并对审查结果负责。

第三章　申请条件与要求

第十一条　申请人应满足下列资质条件和要求：

（一）能够独立承担民事责任。应为国家市场监督管理部门登记注册取得营业执照的企业法人、农民专业合作社、个人独资企业、合伙企业、家庭农场等，国有农场、国有林场和兵团团场等生产单位。

（二）具有稳定的生产基地或稳定的原料来源。

1.稳定的生产基地应为申请人可自行组织生产和管理的基地，包括：

（1）自有基地；

（2）基地入股型合作社；

（3）流转土地统一经营。

2.稳定的原料来源应为申请人能够管理和控制符合绿色食品要求的原料，包括：

（1）按照绿色食品标准组织生产和管理获得的原料。申请人应与生产基地所有人签订有效期三年（含）以上的绿色食品委托生产合同（协议）。

（2）全国绿色食品原料标准化生产基地的原料。申请人应与全国绿色食品原料标准化生产基地范围内生产经营主体签订有效期三年（含）以上的原料供应合同（协议）。

（3）购买已获得绿色食品标志使用证书（以下简称"绿色食品证书"）的绿色食品产品（以下简称"已获证产品"）或其副产品。

（三）具有一定的生产规模。具体要求为：

1.种植业

（1）粮油作物产地面积500亩（含）以上；

（2）露地蔬菜（水果）产地面积200亩（含）以上；设施蔬菜（水果）产地面积100亩（含）以上；

全国绿色食品原料标准化生产基地、地理标志农产品产地、省级绿色优质农产品基地内集群化发展的蔬菜（水果）申请人，露地蔬菜（水果）产地面积100亩（含）以上；设施蔬菜（水果）产地面积50亩（含）以上；

（3）茶叶产地面积100亩（含）以上；

（4）土壤栽培食用菌产地面积50亩（含）以上；基质栽培食用菌50万袋（含）以上。

2. 养殖业

（1）肉牛年出栏量或奶牛年存栏量500头（含）以上；

（2）肉羊年出栏量2 000头（含）以上；

（3）生猪年出栏量2 000头（含）以上；

（4）肉禽年出栏量或蛋禽年存栏量10 000只（含）以上；

（5）鱼、虾等水产品湖泊、水库养殖面积500亩（含）以上；养殖池塘（含稻田养殖、荷塘养殖等）面积200亩（含）以上。

（四）具有绿色食品生产的环境条件和生产技术。

（五）具有完善的质量管理体系，并至少稳定运行一年。

（六）具有与生产规模相适应的生产技术人员和质量控制人员。

（七）具有绿色食品企业内部检查员（以下简称"绿色食品内检员"）。

（八）申请前三年无质量安全事故和不良诚信记录。

（九）与工作机构或绿色食品定点检测机构不存在利益关系。

（十）在国家农产品质量安全追溯管理信息平台（以下简称"国家追溯平台"）完成注册。

（十一）具有符合国家规定的各类资质要求。包括：

1. 从事食品生产活动的申请人，应依法取得食品生产许可；

2. 涉及畜禽养殖、屠宰加工的申请人，应依法取得动物防疫条件合格证。猪肉产品申请人应具有生猪定点屠宰许可证，或委托具有生猪定点屠宰许可证的定点屠宰厂（场）生产并签订委托生产合同（协议）；

3.其他资质要求。如取水许可证、采矿许可证、食盐定点生产企业证书、定点屠宰许可证等。

（十二）续展申请人还应满足下列条件：

1.按期提出续展申请；

2.已履行《绿色食品标志商标使用许可合同》的责任和义务；

3.绿色食品证书有效期内年度检查合格。

第十二条 申请产品应满足下列条件和要求：

（一）应符合《中华人民共和国食品安全法》和《中华人民共和国农产品质量安全法》等法律法规规定，在国家知识产权局商标局核定的绿色食品标志使用商品类别涵盖范围内。

（二）应为现行《绿色食品产品适用标准目录》内的产品，如产品本身或产品配料成分属于新食品原料、按照传统既是食品又是中药材的物质、可用于保健食品的物品名单中的产品，需同时符合国家相关规定。

（三）预包装产品应使用注册商标（含授权使用商标）。

（四）产品或产品原料产地环境应符合绿色食品产地环境质量标准。

（五）产品质量应符合绿色食品产品质量标准。

（六）生产中投入品使用应符合绿色食品投入品使用准则。

（七）包装储运应符合绿色食品包装储运准则。

第十三条 其他要求

（一）委托生产应符合下列要求。

1.实行委托加工的种植业、养殖业申请人，被委托方应获得相应产品或同类产品的绿色食品证书（委托屠宰除外）。

2.实行委托种植的加工业申请人，应与生产基地所有人签订有效期三年（含）以上的绿色食品委托种植合同（协议）。

3.实行委托养殖的屠宰、加工业申请人，应与养殖场所有人签订有效期三年（含）以上的绿色食品委托养殖合同（协议），被委托方应满足下列要求：

（1）使用申请人提供或指定的符合绿色食品相关标准要求的饲料，不可使用其他来源的饲料；

（2）养殖模式为"合作社"或"合作社+农户"的，合作社应为地市级（含）以上合作社示范社；

（3）如购买全混合日粮、配合饲料、浓缩饲料、精料补充料等，应为绿色食品生产资料。

4. 直接购买全国绿色食品原料标准化生产基地原料或已获证产品及其副产品的申请人，如实行委托加工或分包装，被委托方应为绿色食品获证企业。

（二）对申请产品为蔬菜或水果的，基地内全部产品都应申请绿色食品。

（三）加工产品配料应符合食品级要求。配料中至少90%（含）以上原料应为第十一条（二）中所述来源。配料中比例在2%～10%的原料应有稳定来源，并有省级（含）以上检测机构出具的符合绿色食品标准要求的产品检验报告，检验应依据《绿色食品标准适用目录》执行，如原料未列入，应按照国家标准、行业标准和地方标准的顺序依次选用；比例在2%（含）以下的原料，应提供购买合同（协议）及购销凭证。购买的同一种原料不应同时来自已获证产品和未获证产品。

（四）畜禽产品应在以下规定的养殖周期内采用绿色食品标准要求的养殖方式：

1. 乳用牛断乳后（含后备母牛）；

2. 肉用牛、羊断乳后；

3. 肉禽全养殖周期；

4. 蛋禽全养殖周期；

5. 生猪断乳后。

（五）水产品应在以下规定的养殖周期内采用绿色食品标准要求的养殖方式：

1. 自繁自育苗种的，全养殖周期；

2. 外购苗种的，至少2/3养殖周期内应采用绿色食品标准要求的养殖方式。

（六）对于标注酒龄的黄酒，还应符合下列要求：

1. 产品名称相同，标注酒龄不同的，应按酒龄分别申请；

2. 标注酒龄相同，产品名称不同的，应按产品名称分别申请；

3. 标注酒龄基酒的比例不得低于70%，且该基酒应为绿色食品。

（七）其他涉及的情况应遵守国家相关法律法规，符合强制性标准、产业发展政策要求及中心相关规定。

第四章　审查内容与要点

第一节　申请材料构成

第十四条　申请材料由申请人材料、现场检查材料、环境和产品检验材料、工作机构材料四部分构成。

第十五条　申请人材料

（一）《绿色食品标志使用申请书》（以下简称"申请书"）及产品调查表。

（二）质量控制规范。

（三）生产操作规程。

（四）基地来源证明材料。

（五）原料来源证明材料。

（六）基地图。

（七）带有绿色食品标志的预包装标签设计样张。

（八）生产记录及绿色食品证书复印件（仅续展申请人提供）。

（九）中心要求提供的其他材料。

第十六条　现场检查材料

（一）《绿色食品现场检查通知书》（以下简称"现场检查通知书"）。

（二）《绿色食品现场检查报告》（以下简称"现场检查报告"）。

（三）《绿色食品现场检查会议签到表》（以下简称"会议签到表"）。

（四）《绿色食品现场检查发现问题汇总表》（以下简称"发现问题汇总表"）。

（五）绿色食品现场检查照片（以下简称"现场检查照片"）。

（六）《绿色食品现场检查意见通知书》（以下简称"现场检查意见通知书"）。

（七）现场检查取得的其他材料。

其中，（一）和（六）由工作机构和申请人留存。

第十七条　环境和产品检验材料

（一）《产地环境质量检验报告》。

（二）《产品检验报告》。

（三）绿色食品抽样单。

（四）中心要求提供的其他材料。

第十八条　工作机构材料

（一）《绿色食品申请受理通知书》（以下简称"受理通知书"）。

（二）《绿色食品受理审查报告》（以下简称"受理审查报告"）。

（三）《绿色食品省级工作机构初审报告》（以下简称"初审报告"）。

（四）中心要求提供的其他材料。

其中，（一）和（二）由工作机构和申请人留存。

第十九条 申请材料应齐全完整、统一规范，并按第十五条、第十六条、第十七条和第十八条的顺序编制成册。

第二节 申请人材料审查

第二十条 申请书及产品调查表

申请人应使用中心统一制式表格，填写内容应完整、规范，并符合其填写说明要求；不涉及栏目应填写"无"或"不涉及"。

（一）申请书

1. 封面应明确初次申请、续展申请和增报申请，并填写申请日期；

2. 法定代表人、填表人、内检员应签字确认，申请人盖章应齐全；

3. 申请人名称、统一社会信用代码、食品生产许可证号、商标注册证号等信息应填写准确，如委托生产应在相应栏目注明被委托方信息；

4. 产品名称应符合国家现行标准或规章要求；

5. 商标应以"文字""英文（字母）""拼音""图形"的单一形式或组合形式规范表述；一个申请产品使用多个商标的，应同时提出；受理期、公告期的商标应在相应栏目填写"无"；

6. 产量应与生产规模相匹配；

7. 包装规格应符合实际预包装情况；绿色食品包装印刷数量应按实际情况填写；年产值、年销售额应填写绿色食品申请产品实际销售情况；

8. 续展产品名称、商标、产量等信息发生变化的，应备注说明。

（二）产品调查表包括《种植产品调查表》《畜禽产品调查表》《加工产品调查表》《水产品调查表》《食用菌调查表》《蜂产品调查表》，应按相应审查要点（附件1至附件6）审查。

第二十一条　质量控制规范

申请人应建立完善的质量管理体系，结构合理，制度健全，并满足绿色食品全程质量控制要求。内容应至少包括申请人简介、管理方针和目标、组织机构图及其相关岗位的责任和权限、可追溯体系、内部检查、文件和记录管理、持续改进体系等。应由负责人签发并加盖申请人公章，应有生效日期。对续展申请人，质量控制规范如无变化可不提供。

第二十二条　生产操作规程

生产操作规程包括种植规程（含食用菌产品）、养殖规程（包括畜禽产品、水产品、蜂产品）和加工规程，申请人应依据绿色食品相关标准及中心发布的相关生产操作规程结合生产实际情况制定，应具有科学性、可操作性和实用性。应由负责人签发并加盖申请人公章。对续展申请人，生产操作规程如无变化可不提供。

（一）种植规程（含食用菌产品）

1.应包括立地条件、品种、茬口（包括耕作方式，如轮作、间作等）、育苗栽培、种植管理、有害生物防治、产品收获及处理、包装标识、仓储运输、废弃物处理等内容；

2.投入品的种类、成分、来源、用途、使用方法等应符合《绿色食品　农药使用准则》（NY/T 393）和《绿色食品　肥料使用准则》（NY/T 394）要求。

（二）养殖规程（包括畜禽产品、水产品、蜂产品）

1.应包括环境条件、卫生消毒、繁育管理、饲料管理、疫病防治、产品收集与处理、包装标识、仓储运输、废弃物处理、病死及病害动物无害化处理等内容；

2. 投入品的种类、来源、用途、使用方法等应符合《绿色食品　饲料及饲料添加剂使用准则》（NY/T 471）、《绿色食品　兽药使用准则》（NY/T 472）、《绿色食品　畜禽卫生防疫准则》（NY/T 473）和《绿色食品　渔药使用准则》（NY/T 755）要求。

（三）加工规程

1. 应包括原料验收及储存、主辅料和食品添加剂组成及比例、生产工艺及主要技术参数、产品收集与处理、主要设备清洗消毒方法、废弃物处理、包装标识、仓储运输等内容；

2. 应重点审查主辅料和食品添加剂的种类、成分、来源、使用方式，防虫、防鼠、防潮措施及投入品的种类、来源、用途、使用方法等应符合《绿色食品　农药使用准则》（NY/T 393）和《绿色食品　食品添加剂使用准则》（NY/T 392）要求。

第二十三条　基地来源证明材料

证明材料包括基地权属证明、合同（协议）、农户（社员）清单等，应重点审查证明材料的真实性和有效性，不应有涂改或伪造。

（一）自有基地

1. 应审查基地权属证书，如产权证、林权证、滩涂证、国有农场所有权证书等；

2. 证书持有人应与申请人信息一致；

3. 基地使用面积应满足生产规模需要；

4. 证书应在有效期内。

（二）基地入股型合作社

1. 应审查合作社章程及农户（社员）清单，清单中应至少包括农户（社员）姓名、生产规模等栏目；

2. 章程和清单中签字、印章应清晰、完整；

3.基地使用面积应满足生产规模需要。

（三）流转土地统一经营

1.应审查基地流转（承包）合同（协议）及流转（承包）清单，清单中应至少包括农户（社员）姓名、生产规模等栏目；

2.基地流入方（承包人）应与申请人信息一致；土地流出方（发包方）为非产权人的，应审查非产权人土地来源证明；

3.基地使用面积应满足生产规模需要；

4.合同（协议）应在有效期内。

第二十四条 原料来源证明材料（含饲料原料）

证明材料包括合同（协议）、基地清单、农户（内控组织）清单及购销凭证等，应重点审查证明材料的真实性和有效性，不应有涂改或伪造。

（一）"公司+合作社（农户）"

1.应审查至少两份与合作社（农户）签订的委托生产合同（协议）样本及基地清单；合同（协议）有效期应在三年（含）以上，并确保至少一个绿色食品用标周期内原料供应的稳定性，内容应包括绿色食品质量管理、技术要求和法律责任等；基地清单中应包括序号、负责人、基地名称、合作社（农户）数、生产品种、面积（规模）、预计产量等栏目，并应有汇总数据；

2.农户数50户（含）以下的应审查农户清单，清单中应包括序号、基地名称、农户姓名、生产品种、面积（规模）、预计产量等栏目，并应有汇总数据；农户数50户以上1 000户（含）以下的，应审查内控组织（不超过20个）清单，清单中应包括序号、负责人、基地名称、农户数、生产品种、面积（规模）、预计产量等栏目，并应有汇总数据；农户数1 000户以上的，应与合作社建立委托生产关系，被委托合作社应统一负责生产经营活动，应审查基地清单及被委托合作社章程；

3.清单汇总数据中的生产规模或产量应满足申请产品的生产需要。

（二）外购全国绿色食品原料标准化生产基地原料

1.应审查有效期内的基地证书；

2.申请人与全国绿色食品原料标准化生产基地范围内生产经营主体签订的原料供应合同（协议）及一年内的购销凭证；

3.合同（协议）、购销凭证中产品应与基地证书中批准产品相符；

4.合同（协议）有效期应在三年（含）以上，并确保至少一个绿色食品用标周期内原料供应的稳定性，生产规模或产量应满足申请产品的生产需要；

5.购销凭证中收付款双方应与合同（协议）中一致；

6.基地建设单位出具的确认原料来自全国绿色食品原料标准化生产基地和合同（协议）真实有效的证明；

7.申请人无须提供《种植产品调查表》、种植规程、基地图等材料。

（三）外购已获证产品及其副产品（绿色食品生产资料）

1.应审查有效期内的绿色食品（绿色食品生产资料）证书；

2.申请人与绿色食品（绿色食品生产资料）证书持有人签订的购买合同（协议）及一年内的购销凭证；供方（卖方）非证书持有人的，应审查绿色食品原料（绿色食品生产资料）来源证明，如经销商销售绿色食品原料（绿色食品生产资料）的合同（协议）及发票或绿色食品（绿色食品生产资料）证书持有人提供的销售证明等；

3.合同（协议）、购销凭证中产品应与绿色食品（绿色食品生产资料）证书中批准产品相符；

4.合同（协议）应确保至少一个绿色食品用标周期内原料供应

的稳定性，生产规模或产量应满足申请产品的生产需要；

5.购销凭证中收付款双方应与合同（协议）中一致。

第二十五条　基地图

基地图包括基地位置图及基地分布图或生产场所平面布局图。图示应有图例、指北等要素，图示信息应与申请材料中相关信息一致。

（一）基地位置图范围应为基地及其周边5千米区域，应标示出基地位置、基地区域界限（包括行政区域界限、村组界限等）及周边信息（包括村庄、河流、山川、树林、道路、设施、污染源等）；

（二）基地分布图或生产场所平面布局图应标示出基地面积、方位、边界、周边区域利用情况及各类不同生产功能区域等。

第二十六条　预包装标签设计样张

（一）应符合《食品标识管理规定》《食品安全国家标准　预包装食品标签通则》（GB 7718）和《食品安全国家标准　预包装食品营养标签通则》（GB 28050），包装应符合《绿色食品　包装通用准则》（NY/T 658）等要求。

（二）绿色食品标志设计样应符合《中国绿色食品商标标志设计使用规范手册》要求。

（三）生产商名称、产品名称、商标样式、产品配方、委托加工等标示内容应与申请材料中相关信息一致。

第二十七条　生产记录及绿色食品证书复印件

（一）生产记录中投入品来源、用途、使用方法和管理等信息应符合绿色食品标准要求。

（二）上一用标周期绿色食品证书中应有年检合格章。

第二十八条　资质证明材料

申请人应具备国家法律法规要求办理的资质证书。检查员应审查资质证书的真实性及有效性。

（一）营业执照

1. 通过国家企业信用信息公示系统核验申请人登记信息；

2. 证书中名称、法定代表人等信息应与申请人信息一致；

3. 提出申请时，成立时间应不少于一年；

4. 经营范围应涵盖申请产品类别；

5. 应在有效期内；

6. 未列入经营异常名录、严重违法失信企业名单。

（二）商标注册证

1. 通过国家知识产权局商标局网站核验商标注册信息；商标在受理期、公告期的，按无商标处理；

2. 证书中注册人应与申请人或其法定代表人一致；不一致的，应审查商标使用权证明材料，如商标变更证明、商标使用许可证明、商标转让证明等；

3. 核定使用商品应涵盖申请产品；

4. 应在有效期内。

（三）食品生产许可证及品种明细表

1. 通过国家市场监督管理总局网站核验食品生产许可信息；

2. 证书中生产者名称应与申请人或被委托方名称一致；

3. 许可品种明细表应涵盖申请产品；

4. 应在有效期内。

（四）动物防疫条件合格证

1. 证书中单位名称应与申请人或被委托方名称一致；

2. 经营范围应涵盖申请产品相关的生产经营活动；

3. 应在有效期内。

（五）取水许可证、采矿许可证、食盐定点生产企业证书、定点屠宰许可证

1. 持证方名称应与申请人或被委托方名称一致；

2. 生产规模应能满足申请产品产量需要；

3. 应在有效期内。

（六）绿色食品内检员证书

1. 持证人所在企业名称应与申请人名称一致；

2. 应在有效期内。

（七）国家追溯平台注册证明中主体名称应与申请人名称一致。

（八）其他需提供的资质证明材料应符合国家相关要求。

第三节　现场检查材料审查

第二十九条　现场检查工作应由两名（含）以上具有相应专业资质检查员组织实施，检查员应根据申请人生产规模、基地距离及工艺复杂程度等情况计算现场检查时间，原则上不少于一个工作日，且应安排在申请产品生产、加工期间的高风险时段实施。涉及跨省级行政区域委托现场检查的，应审查委托协议，并向中心备案。

第三十条　现场检查通知书应重点审查申请人名称、申请类型等与申请人材料的一致性，检查依据和检查内容的适用性和完整性，检查员保密承诺，申请人确认回执等。检查组和申请人应签字确认，盖章应齐全。

第三十一条　现场检查报告

（一）应由检查员按照中心统一制式表格在现场检查完成后十个工作日内完成，不可由他人代写。

（二）检查项目、检查情况描述应与申请人的实际生产情况相符，检查员应客观、真实评价各部分检查内容；生产中投入品使用应符合国家相关法律法规和绿色食品投入品使用准则；现场检查综合评价应全面评价申请人质量管理体系、产地环境质量、产品生产过程、投入品使用、包装储运、环境保护、绿色食品标志使用等情况；检查员和申请人应对现场检查报告内容签字确认，盖章应齐全。

（三）对续展申请人，现场检查报告还应重点审查续展相关项目，如上一用标周期《绿色食品标志商标使用许可合同》责任和义务的履行情况，产地环境、生产工艺、预包装标签设计样张、绿色食品标志使用情况等。

第三十二条　会议签到表应按中心统一制式表格填写，应重点审查检查时间、检查员资质、申请人名称及参会人员情况等，检查员、签到日期应与现场检查报告中相关信息一致。

第三十三条　发现问题汇总表应客观说明检查中存在的问题，涉及整改的，应重点审查整改落实情况，检查组长和申请人应签字确认，盖章应齐全。

第三十四条　现场检查照片

（一）检查员应提供清晰照片，真实、清楚反映现场检查工作。

（二）照片应在A4纸上按检查环节打印或粘贴，完整反映首次会议、实地检查、随机访问、查阅文件（记录）、总结会等环节，并覆盖产地环境调查，生产投入品，申请产品生产、加工、仓储，管理层沟通等关键环节。

（三）照片应体现申请人名称，明确标示检查时间、检查员信息、检查场所、检查内容等。

第三十五条　现场检查意见通知书应重点审查申请人名称与申请人材料的一致性，工作机构对现场检查合格与否的判定，产地环境和产品检验项目及工作机构的确认情况等，盖章应齐全。

第四节　环境和产品检验材料审查

第三十六条　绿色食品产地环境和产品检验应由绿色食品定点检测机构按照授权业务范围组织实施。涉及境外检测的，检验报告可由国际认可并经中心确认的检测机构出具。检测工作和出具报告时限应符合《绿色食品标志管理办法》第十三条规定。

第三十七条　检验报告

（一）环境和产品检验报告应为原件。同一品种的产品，每个产品应提供一份产品检验报告；同类多品种产品应按照《绿色食品产品抽样准则》（NY/T 896）要求提供产品检验报告；同类分割肉产品（畜禽、水产）应至少提供一份绿色食品定点检测机构出具的全项产品检验报告，如存在非共同项，应加检相应项目。

（二）报告封面应有检测单位盖章、检验专用章及CMA专用章，受检（委托）单位及受检产品应与申请材料一致。全部报告页应加盖骑缝章；报告应有编制、审核、批准签发人签名和签发日期。

（三）报告栏目应至少包括序号（编号）、采样单编号、检验项目、标准要求、检测结果及检出限、检验方法、单项判定、检验结论等。环境检验报告还应包括单项污染指数（P_i）和综合污染指数（$P_{综}$）。

（四）检测项目及标准值应严格执行对应标准中的项目和指标要求，不得随意减少检测项目或更改标准值。如绿色食品标准中引用的标准已作废，且无替代标准时，相关指标可不作检测，但应在检验报告备注栏中注明。

（五）检验结论表述应符合《农业部产品质量监督检验测试机构审查认可评审细则》第八十一条释义的要求，备注栏不得填写

"仅对来样负责"等描述。判定依据应为现行有效绿色食品标准。未经中心批准对申请人环境或产品重复抽样的，检验报告无效。

环境检验报告应对环境质量做出综合评价，结论应表述为："××××（申请人名称）申请的×××区域（应明确生产区域内全部基地村）××××万亩（基地面积应满足生产规模）产地环境质量符合/不符合NY/T 391—20××《绿色食品　产地环境质量》的相关要求，适宜/不适宜发展绿色食品"。

产品检验结果判定和复检应符合《绿色食品　产品检验规则》（NY/T　1055）要求，结论应表述为："该批次产品检验结果符合/不符合NY/T ×××—20××《绿色食品　××××》要求"。

（六）检验报告的修改或变更应符合《农业部产品质量监督检验测试机构审查认可评审细则》第八十四条释义和《检验检测机构资质认定能力评价　食品检验机构要求》（RB/T 215）的要求，报告应注以唯一性标识，并作出相应说明。

（七）分包检测应符合国家和中心的相关规定。

第三十八条　环境和产品抽样

（一）环境采样地点应明确到村，布点、采样、监测项目和方法应符合《绿色食品　产地环境调查、监测与评价规范》（NY/T 1054）要求。

（二）产品抽样应符合《绿色食品　产品抽样准则》（NY/T 896）要求，绿色食品抽样单应填写完整，签字盖章齐全。抽样单应有编号，受检（委托）单位及受检产品等信息应与检验报告中申请人信息一致。

（三）产品抽样可由检测机构委托当地工作机构实施，并向中心备案。如委托抽样，应审查检测机构与检查员签订的委托抽样合同、检查员接受检测机构专业培训的证明。

（四）环境布点采样应由检测机构专业人员完成。

（五）产品抽样应为当季申请产品。

第三十九条 具备下列材料，可作为有效环境质量证明：

（一）工作机构受理日前一年内的环境检验报告原件或复印件。检验报告应由绿色食品定点检测机构或省、部级（含）以上检测机构出具，且符合绿色食品产地环境检测项目和质量要求。

（二）工作机构受理日前三年内的绿色食品定点检测机构出具的符合绿色食品产地环境要求的区域性环境质量监测评价报告（以下简称"区域环评报告"）。报告原件应由省级工作机构向中心备案。生产基地位于区域环评范围内的申请人应经省级工作机构确认并提供区域环评报告结论页复印件。

第四十条 续展申请人可提供上一用标周期第三年度的全项抽检报告作为其同类系列产品的质量证明材料；非全项抽检报告仅可作为所检产品的质量证明材料。

第四十一条 如有以下情况，相关环境项目可免测：

（一）《绿色食品　产地环境质量》（NY/T 391）和《绿色食品　产地环境调查、监测与评价规范》（NY/T 1054）要求的情况。

（二）畜禽产品散养、放牧区域的土壤。

（三）蜂产品野生蜜源基地的土壤。

（四）续展申请人产地环境、范围、面积未发生改变，产地及其周边未增加新的污染源，影响产地环境质量的因素未发生变化，申请人提出申请，经检查员现场检查和省级工作机构确认后，其产地环境可免做抽样检测。

第五节　工作机构材料审查

第四十二条　受理审查应重点审查申请人资质条件、申请产品条件、申请人材料的完备性、真实性、合理性以及续展申请的时效性。受理审查工作机构应客观、真实评价，并完成受理审查报告。受理审查报告评价项目应与申请人的实际生产情况相符；检查员应签字确认，落款日期应在申请日期之后。

第四十三条　受理通知书应重点审查申请人名称与申请人材料的一致性，对申请人材料合格与否的判定，审查意见不合格的或需要补充的应用"不符合……""未规定……""未提供……"等方式表达；受理审查工作机构盖章及落款日期应齐全。

第四十四条　初审应至少由一名省级工作机构检查员或省级工作机构组织的三名（含）以上检查员集中审核完成。对同一申请，参与现场检查的人员不能承担初审工作。

第四十五条　初审应重点审查申请人材料、现场检查材料、环境和产品检验材料等的完备性、规范性和科学性，省级工作机构应逐项作出符合性评价，并完成初审报告。

第四十六条　初审报告

（一）应明确申请类型。

（二）续展申请人、产品名称、商标和产量发生变化的应备注说明。

（三）申请书、产品调查表和现场检查报告中产量不一致时，以现场检查报告产量为准。

（四）初审报告应由检查员和工作机构主要或分管负责人分别出具审查意见，亲笔签字后加盖省级工作机构公章。

（五）检查员意见应表述为："经审查，××××（申请人）

申请的××××（申请产品）等产品，其产地环境、生产过程、产品质量符合/不符合绿色食品相关标准要求，申请材料完备有效"。

（六）省级工作机构初审意见应表述为："初审合格/不合格，同意/不同意报送中心"或"同意/不同意续展"。

第四十七条 续展申请的初审和综合审查合并完成，中心以省级工作机构续展审查意见作为续展备案的依据。续展申请初审应重点审查续展材料的完备性、符合性和时效性。逾期未提交中心或缺少检验报告等关键申请材料的，中心不予续展备案。

第六节 总公司及其子公司、分公司的申请和审查

第四十八条 总公司或子公司可独立作为申请人向其注册所在地受理审查工作机构提出申请，分公司不可独立作为申请人单独提出申请。

第四十九条 "总公司+分公司"作为申请人。总公司与分公司在同一行政区域的，应由"总公司+分公司"向其注册所在地受理审查工作机构提交申请材料；总公司与分公司不在同一行政区域的，应由分公司向其注册所在地受理审查工作机构提交申请材料；总公司和分公司应同时在申请材料上加盖公章。

第五十条 总公司作为统一申请人，子公司或分公司作为其生产场所，总公司应与其子公司或分公司签订委托生产合同（协议），由总公司向其注册所在地受理审查工作机构提交申请材料。总公司与子公司或分公司不在同一行政区域的，由总公司注册所在地省级工作机构协调组织实施现场检查，也可由中心统一协调制定现场检查计划并组织实施。若同一申请产品由多家子公司或分公司生产，应分别检测产地环境和产品。

第五十一条 总公司统一申请绿色食品，子公司或分公司作为

总公司被委托方的，如需与总公司使用统一包装，可在包装上统一使用总公司的绿色食品企业信息码，同时标示总公司和子公司或分公司名称，并区分不同的生产商。

第五十二条 总公司与子公司分别申请绿色食品的，如需使用统一包装，在绿色食品标志图形、文字下方可不标注绿色食品企业信息码，但应在包装上的其他位置同时标示总公司和子公司名称及其绿色食品企业信息码，并区分不同的生产商。

第五十三条 绿色食品证书有效期内申请生产加工场所增加、变更、减少的，应由总公司提出申请，经注册所在地省级工作机构审查确认后，提交中心审批。

（一）申请生产场所增加或变更的，申请材料应包括：

1. 申请书和产品调查表；

2. 增加或变更生产场所主体的营业执照、食品生产许可证等资质证明材料；

3. 增加或变更的生产场所平面图；

4. 原料购买合同（协议）；

5. 与总公司签订的委托生产合同（协议）；

6. 预包装标签设计样张（产品包装标签发生变化的提供）；

7. 绿色食品抽样单和《产品检验报告》原件；

8.《产地环境质量检验报告》原件（产地环境发生变化的提供）；

9. 绿色食品证书原件（产量变化的提供）；

10. 现场检查材料；

11. 初审报告。

（二）生产场所减少的，申请材料应包括：

1. 申请书；

2. 加盖总公司公章的相关变化情况说明；

3. 绿色食品证书原件（产量变化的提供）；

4. 预包装标签设计样张（产品包装标签发生变化的提供）；

5. 初审报告。

第五十四条 总公司申请生产加工场所增加、变更、减少的相关申请材料审查应按照本规范第二节、第三节、第四节和第五节要求执行。

第七节　证书变更、增报产品的申请与审查

第五十五条 绿色食品证书有效期内，标志使用人的产地环境、生产技术、质量管理制度等未发生变化，标志使用人名称、产品名称、商标名称等一项或多项发生变化或标志使用人分立（拆分）、合并（重组）的，标志使用人应向其注册所在地省级工作机构提出证书变更申请。

标志使用人分立（拆分），是指原标志使用人法律主体资格撤销并新设两个（含）以上的具有法人资格的公司，其中一个公司负责生产、经营、管理绿色食品；或原标志使用人法律主体仍存在，但将绿色食品生产、经营、管理业务划出另设一个新的独立法人公司。

标志使用人合并（重组），是指一个公司吸收其他公司（其中一个公司为标志使用人）或两个（含）以上公司（其中一个公司为标志使用人）合并成立一个新的公司。

第五十六条 证书变更的申请人应根据申请变更事项提交以下材料。

（一）《绿色食品标志使用证书变更申请表》。

（二）绿色食品证书原件。

（三）标志使用人名称变更的，应提交核准名称变更的证明材料。

（四）商标名称变更的，应提交变更后的商标注册证复印件。

（五）如已获证产品为预包装产品，应提交变更后的预包装标签设计样张。

（六）标志使用人分立（拆分）的，还应提供：

1. 拆分后设立公司的营业执照复印件；

2. 原绿色食品标志使用人拆分决议等相关材料；

3. 省级工作机构应对拆分后标志使用人的产地环境、生产技术、工艺流程、质量管理体系等审查和确认，并提交书面说明。

（七）标志使用人合并（重组）的，还应提供：

1. 重组后设立公司的营业执照复印件；

2. 原绿色食品标志使用人重组决议等相关材料；

3. 省级工作机构应对重组后标志使用人的产地环境、生产技术、工艺流程、质量管理体系等审查和确认，并提交书面说明。

第五十七条 证书变更申请应重点审查证书变更申请表内容填写的规范性和完整性，变更事项相关证明材料的完备性、真实性和有效性。

第五十八条 增报产品，是指绿色食品标志使用人在已获证产品的基础上，申请在其他产品上使用绿色食品标志或申请增加已获证产品产量。具体包括以下类型。

（一）申请已获证产品的同类多品种产品。

（二）申请与已获证产品产自相同生产区域的非同类多品种产品，包括：

1. 种植区域相同，生产管理模式相同的种植类产品；

2. 捕捞水域相同，非人工投喂模式的水产品；

3. 加工场所相同、原料来源相同，加工工艺略有不同的产品；

4. 对同一集中连片区域生产的蔬菜或水果产品申请人，区域内全部产品都应申请绿色食品。

（三）申请增加已获证产品的产量。

（四）已获证产品总产量保持不变，将其拆分为多个产品，或将多个产品合并为一个产品。

第五十九条 增报产品相关申请材料，应由检查员现场检查和省级工作机构审查确认后，提交中心审批。

（一）申请已获证产品的同类多品种产品，申请材料应包括：

1. 增报产品的申请书；

2. 增报产品的生产操作规程；

3. 基地图、合同（协议）、清单等；

4. 预包装标签设计样张；

5. 生产区域不在原产地环境检验报告范围内的，应提供相应生产区域的《产地环境质量检验报告》；

6.《产品检验报告》和绿色食品抽样单；

7. 现场检查材料；

8. 初审报告。

（二）申请与已获证产品产自相同生产区域的非同类多品种产品，申请材料应包括：

1. 第五十九条（一）中1、2、3、4、6、7、8的材料；

2. 涉及已获证产品产量变化的，应退回绿色食品证书原件。

（三）申请增加已获证产品产量，申请材料应包括：

1. 产品由于盛产（果）期增加产量的，应提交第五十九条（一）中1、7、8的材料和绿色食品证书原件；

2. 扩大生产规模的（包括种植面积增加、养殖区域扩大、养殖密度增加等），应提交第五十九条（一）中1、3、6、7、8的材料、绿色食品证书原件和新增区域的《产地环境质量检验报告》。

（四）已获证产品总产量保持不变，将其拆分为多个产品或将多个产品合并为一个产品，申请材料应包括：

1.第五十九条（一）中1、4、8的材料和绿色食品证书原件；

2.变更的商标注册证复印件。

（五）已获证产品产量不变，增报同类畜禽、水产分割肉产品、骨及相关产品的，应提交第五十九条（一）中1、4、7、8的材料和绿色食品证书原件。

第六十条 增报产品应重点审查增报产品申请类型的符合性。增报产品的申请人材料、现场检查材料、检验报告和初审报告的审查应按照本章第二节、第三节、第四节和第五节要求执行。

第五章 综合审查意见及处理

第六十一条 中心对省级工作机构提交的完整申请材料实施综合审查，出具"基本合格""补充材料""不予颁证"等综合审查意见，并完成《绿色食品标志许可审查报告》（附件7）。

第六十二条 申请人的资质条件、环境质量、产品质量、投入品使用、包装、储藏、运输均符合绿色食品标准及相关要求，且申请材料（含补充材料）齐全规范、真实有效，综合审查意见为"基本合格"。

第六十三条 综合审查意见为"补充材料"的，省级工作机构应组织相关方提供补充材料，经审查确认后，出具《补充材料审查确认单》（附件8）并加盖公章，与补充材料一并在规定时限内提交中心，逾期未提交的，视为自动放弃申请。经中心审查，申请材料及补充材料符合第六十二条要求的，综合审查意见为"基本合格"。

第六十四条 申请材料有下列严重问题之一的，综合审查意见为"不予颁证"。

（一）申请人资质条件不符合第十一条要求的。

（二）申请产品条件不符合第十二条要求的。

（三）申请材料中有伪造或变造的证书、合同（协议）、凭证等虚假证明材料的。

（四）检查员现场检查、初审存在弄虚作假行为的。

（五）申请人材料、现场检查材料及补充材料中体现生产过程使用的农药、肥料、饲料及饲料添加剂、兽药、渔药、食品原料及添加剂等投入品不符合绿色食品相应标准或要求的。

（六）环境或产品检验报告检验结论为"不符合绿色食品标准"的。

（七）同一申请人申请多个蔬菜产品，其中一个产品存在第六十四条（五）中问题的，该申请人申请的其他蔬菜产品均不予颁证。

（八）其他不符合国家和绿色食品相关法律法规、标准或要求的。

第六十五条　对投入品使用不明确、组织模式复杂或高风险地区、高风险行业的申请产品，中心适时委派检查组实施现场核查；对存在技术争议的问题，中心征求行业专家意见，必要时邀请行业专家提供技术指导。

第六十六条　在综合审查过程中申请人书面提交放弃全部或部分产品申请的，中心终止审查。

第六十七条　中心随机抽取10%的续展申请材料监督抽查，对抽查的续展申请材料，中心抽查意见与省级工作机构综合审查意见不一致时，以抽查意见为准。抽查意见及处理按照以上规定执行。

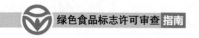
第六章 附 则

第六十八条 本规范由中心负责解释。

第六十九条 本规范自2022年3月1日起实施。

附件：1.《种植产品调查表》审查要点

2.《畜禽产品调查表》审查要点

3.《加工产品调查表》审查要点

4.《水产品调查表》审查要点

5.《食用菌调查表》审查要点

6.《蜂产品调查表》审查要点

7.《绿色食品标志许可审查报告》

8.《补充材料审查确认单》

附件 1

《种植产品调查表》审查要点

项目	审查要点
种植产品 基本情况	作物名称填写规范，应体现作物真实属性，应为现行《绿色食品产品适用标准目录》内的产品，同时符合国家相关规定
	种植面积应具有一定的生产规模
	应明确基地类型
	基地位置应具体到村
产地环境 基本情况	产地应距离公路、铁路、生活区 50 米以上，距离工矿企业 1 千米以上，产地周边及主导风向的上风向无污染源
	绿色食品生产区域与常规生产区有缓冲或物理屏障，隔离措施符合《绿色食品　产地环境质量》（NY/T 391）和《绿色食品　产地环境调查、监测与评价规范》（NY/T 1054）要求
种子（种苗） 处理	应详细填写来源
	应填写具体处理措施，涉及药剂使用的应符合《绿色食品农药使用准则》（NY/T 393）要求
	播种（育苗）时间应符合生产实际，涉及多茬次的应分别填写
栽培措施和 土壤培肥	作物耕作模式（轮作、间作或套作）和栽培类型（露地、保护地或其他）应具体描述，涉及多个申请产品的应分别填写
	秸秆、农家肥等使用情况，应明确来源、年用量、无害化处理方法
有机肥 使用情况	应按不同作物依次填写

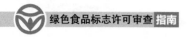

（续表）

项目	审查要点
有机肥使用情况	有机肥名称、年用量、有效成分等应详细填写；应详细描述来源及无害化处理方式
	有机肥使用应符合作物需肥特点和《绿色食品 肥料使用准则》（NY/T 394）要求
化学肥料使用情况	应按不同作物依次填写
	肥料名称、有效成分、施用方法、施用量应详细填写
	化学肥料使用应符合作物需肥特点和《绿色食品 肥料使用准则》（NY/T 394）要求
病虫草害农业、物理和生物防治措施	应具体描述当地常见病虫草害、减少病虫草害发生的生态及农业措施
	应具体描述物理、生物防治方法和防治对象
	有间作或套作作物的，应同时描述其病虫草害防治措施
	防治措施应符合生产实际和《绿色食品 农药使用准则》（NY/T 393）要求
病虫草害防治农药使用情况	应按不同作物依次填写
	农药名称应填写通用名，混配农药应明确每种成分的名称
	防治对象应明确具体病虫草害名称
	有间作或套作的作物的，应同时描述其农药使用情况
	农药选用应科学合理，适用防治对象，且符合《农药合理使用准则》（GB/T 8321）和《绿色食品 农药使用准则》（NY/T 393）要求

（续表）

项目	审查要点
灌溉情况	涉及天然降水的应在是否灌溉栏标注，其他灌溉方式应按实际情况填写
	全年灌溉量应符合实际情况
收获后处理及初加工	申请产品涉及多茬次或多批次采收的，应填写所有茬口或批次收获时间
	应详细描述采后处理流程及措施
	相关操作和处理措施应符合《绿色食品　包装通用准则》（NY/T 658）、《绿色食品　储藏运输准则》（NY/T 1056）和《绿色食品　农药使用准则》（NY/T 393）要求
废弃物处理及环境保护措施	应按实际情况填写具体措施，包括投入品包装袋、残次品处理情况，基地周边环境保护情况等，并应符合国家和绿色食品相关标准要求
填表人和内检员	应由填表人和内检员签字确认

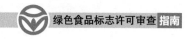

附件 2

《畜禽产品调查表》审查要点

项目	审查要点
养殖场 基本情况	畜禽名称应体现产品真实属性，涉及不同养殖对象应分别填写
	基地位置应填写明确，养殖场或牧场位置应具体到村
	生产组织模式应从注 2 中选择相对应的进行填写
	养殖场周边环境情况应具体填写，远离污染源，养殖环境应符合国家相关规定、《绿色食品　产地环境质量》（NY/T 391）和《绿色食品　畜禽卫生防疫准则》（NY/T 473）要求
养殖场 基础设施	养殖场应有针对当地易发流行性疫病制定的相关防疫和扑灭净化制度
	养殖场防疫、隔离、通风，粪便尿及污水处理等设备设施完善，应符合国家相关规定和《绿色食品　畜禽卫生防疫准则》（NY/T 473）要求
	养殖用水来源明确，符合《绿色食品　产地环境质量》（NY/T 391）和《绿色食品　畜禽卫生防疫准则》（NY/T 473）要求
养殖场 管理措施	养殖场区分管理、消毒管理、档案管理措施应按生产实际填写
	养殖场排水系统应实现净、污分离，污水收集输送不得采取明沟布设
	消毒措施涉及药剂使用的，应填写药剂名称、用量和使用方法，并应符合国家相关规定、《绿色食品　兽药使用准则》（NY/T 472）、《绿色食品　畜禽卫生防疫准则》（NY/T 473）要求
畜禽饲料及 饲料添加剂 使用情况	应按畜禽名称分别填写

（续表）

项目	审查要点
畜禽饲料及饲料添加剂使用情况	品种名称填写应具体到种
	如外购幼畜（禽雏），应填写具体来源
	养殖规模应填写按照绿色食品标准要求养殖的畜禽数量
	出栏量应填写年出栏畜禽的数量；产量应填写申报产品的年产量，出栏量应与产量相符
	养殖周期应填写畜禽在本养殖场内的养殖时间，且符合绿色食品养殖周期要求
	饲料及饲料添加剂使用情况应按不同生长阶段分别填写，详细描述饲料配方、用量和来源等
	饲料配方合理，符合生产实际，同一生长阶段所有饲料及饲料添加剂比例总和应为 100%，且各饲料成分的比例与用量相符
	饲料及饲料添加剂使用应符合畜禽不同生长阶段营养需求和《绿色食品　饲料及饲料添加剂使用准则》（NY/T 471）要求
发酵饲料加工	原料名称应填写发酵前饲料的品种名称
	饲料发酵过程中使用的添加剂和储藏、防霉处理使用的物质应符合《绿色食品　饲料及饲料添加剂使用准则》（NY/T 471）要求
饲料加工和存储	工艺流程、防虫、防鼠、防潮和区分管理措施应详细填写
	涉及药剂使用的，应填写药剂名称、用量和使用方法，并应符合《绿色食品　农药使用准则》（NY/T 393）要求
畜禽疫苗和兽药使用情况	疫苗和兽药使用情况应按不同养殖产品分别填写
	疫苗名称、接种时间填写真实规范，疫苗使用应符合《绿色食品　兽药使用准则》（NY/T 472）要求

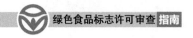

（续表）

项目	审查要点
畜禽疫苗和兽药使用情况	兽药名称、批准文号、用途、使用时间和停药期填写真实规范，处理措施符合生产实际；兽药名称应与批准文号相符，用途适用于相应疾病防治，使用时间和停药期应符合国家相关规定和《绿色食品　兽药使用准则》（NY/T 472）要求
畜禽、生鲜乳、禽蛋收集、包装和储运	产品收集、清洗、消毒、包装、储藏、运输及区分管理等措施应详细填写，并应符合《绿色食品　包装通用准则》（NY/T 658）和《绿色食品　储藏运输准则》（NY/T 1056）要求
	涉及药剂使用的，应填写药剂名称、用量和使用方法，并应符合《绿色食品　农药使用准则》（NY/T 393）和《绿色食品　兽药使用准则》（NY/T 472）要求
资源综合利用和废弃物处理	应详细描述病死、病害畜禽及其相关产品无害化处理措施
	处理措施应符合国家相关规定和《绿色食品　畜禽卫生防疫准则》（NY/T 473）要求
填表人和内检员	应由填表人和内检员签字确认

附件 3

《加工产品调查表》审查要点

项目	审查要点
加工产品基本情况	产品名称填写规范，应体现产品真实属性
	产品名称、商标、产量应与申请书一致
	如有包装，包装规格栏应填写所有拟使用绿色食品标志的包装规格
	续展涉及产品名称、商标、产量变化的，应在备注栏说明
加工厂环境基本情况	加工厂地址应填写明确，有多处加工场所的，应分别描述
	加工厂周边环境、隔离措施应符合《绿色食品　产地环境质量》（NY/T 391）和《绿色食品　产地环境调查、监测与评价规范》（NY/T 1054）要求
产品加工情况	加工工艺流程图应涵盖各个加工关键环节，有具体投入品描述和加工参数要求，不同产品应分别填写
	应详细描述生产记录、产品追溯和平行生产等管理措施
加工产品配料情况	应按申请产品名称分别填写，产品名称、年产量应与申请书一致
	主辅料应填写产品加工过程中除食品添加剂外的原料使用情况
	主辅料（扣除加入的水后计算）及添加剂比例总和应为 100%
	食品添加剂使用情况中名称应填写具体成分名称，如柠檬酸、山梨酸钾等，并明确添加剂用途；有加工助剂的，应填写加工助剂的有效成分、年用量和用途，食品添加剂使用应符合《食品安全国家标准　食品中农药最大残留限量》（GB 2763）和《绿色食品　食品添加剂使用准则》（NY/T 392）要求
	主辅料和食品添加剂来源明确，同一种主辅料不应同时来自已获证产品和未获证产品

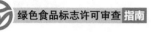

（续表）

项目	审查要点
加工产品配料情况	主辅料应符合相关质量要求，其中至少90%（含）以上原料应为第十一条（二）中所述来源。配料中比例在2%～10%的原料应有稳定来源，并有省级（含）以上检测机构出具的符合绿色食品标准要求的产品检验报告，检验应依据《绿色食品标准适用目录》执行，如原料未列入，应按照国家标准、行业标准和地方标准的顺序依次选用；比例在2%（含）以下的原料，应提供购买合同（协议）及购销凭证
	主辅料涉及使用食盐的，使用比例5%（含）以下的，应提供合同（协议）及购销凭证；使用比例5%以上的，应提供具有法定资质检测机构出具的符合《绿色食品 食用盐》（NY/T 1040）要求的检验报告
平行加工	应详细描述平行生产产品、执行标准、生产规模和区分管理措施
	绿色食品生产与常规产品生产区分管理措施应科学合理，能有效防范污染风险
包装、储藏和运输	应按实际情况详细填写
	相关操作和处理措施应符合《绿色食品 包装通用准则》（NY/T 658）和《绿色食品 储藏运输准则》（NY/T 1056）要求
设备清洗、维护及有害生物防治	应按实际情况详细填写
	涉及药剂使用的，应填写药剂名称、用量和使用方法，并应符合《绿色食品 农药使用准则》（NY/T 393）要求
废弃物处理及环境保护措施	应按实际情况填写具体措施，并应符合国家和绿色食品相关标准要求
填表人和内检员	应由填表人和内检员签字确认

附件 4

《水产品调查表》审查要点

项目	审查要点
水产品基本情况	产品名称填写规范，应体现产品真实属性
	不同养殖品种应分别填写，品种名称应为学名
	面积应按不同产品分别填写，单位为万亩
	养殖周期应填写从苗种养殖到商品规格所需的时间，且符合绿色食品养殖周期要求
	应明确养殖方式（湖泊养殖/水库养殖/近海放养/网箱养殖/网围养殖/池塘养殖/蓄水池养殖/工厂化养殖/稻田养殖/其他养殖）及养殖模式（单养/混养/套养）
	基地位置应具体到村
	捕捞水深仅深海捕捞填写，单位为米
产地环境基本情况	对于产地分散、环境差异较大的，应分别描述
	养殖区周边环境情况填写具体，应符合《绿色食品 产地环境质量》（NY/T 391）和《绿色食品 产地环境调查、监测与评价规范》（NY/T 1054）要求
苗种情况	来源应明确外购或自繁自育
	外购应说明外购规格、来源单位、投放规格及投放量和苗种的消毒情况，投放前如暂养应说明暂养场所消毒的方法和药剂名称，并应符合《绿色食品 渔药使用准则》（NY/T 755）要求
	自繁自育应说明培育周期、投放至生产区域时的苗种规格及投放量、苗种的消毒情况、繁育场所消毒的方法和药剂名称，并应符合《绿色食品 渔药使用准则》（NY/T 755）要求

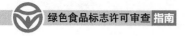

（续表）

项目	审查要点
饲料使用情况	应按生产实际选填相关内容
	应按不同生长阶段分别填写，用量及比例应满足该生长阶段营养需求
	外购苗种投放前及捕捞后运输前暂养阶段应作为独立生长阶段填写饲料及饲料添加剂使用情况
	天然饵料应描述具体品种；外购饲料应填写饲料及饲料添加剂的成分、用量及来源；自制饲料应填写用量、比例及来源
	应符合《绿色食品 饲料及饲料添加剂使用准则》（NY/T 471）要求
饲料加工及存储情况	应按生产实际填写相关内容
	防虫、防鼠、防潮措施中涉及药剂使用的，应填写药剂名称、用量和使用方法，并应符合《绿色食品 农药使用准则》（NY/T 393）要求
	如存在非绿色食品饲料，应具体描述与绿色食品饲料的区分管理措施
	饲料加工和存储应符合《绿色食品 饲料及饲料添加剂使用准则》（NY/T 471）和《绿色食品 储藏运输准则》（NY/T 1056）要求
肥料使用情况	涉及肥料使用的应填写肥料使用情况
	肥料使用应符合《绿色食品 肥料使用准则》（NY/T 394）要求
疾病防治情况	药物、疫苗使用情况应按不同产品分别填写
	名称填写规范，使用方法和停药期应符合国家规定和《绿色食品 渔药使用准则》（NY/T 755）要求

（续表）

项目	审查要点
水质改良情况	水质改良药物名称应填写使用药剂的通用名称
	水质改良药剂使用情况符合国家相关规定和《绿色食品　渔药使用准则》（NY/T 755）要求
捕捞情况	应按不同产品分别填写
	应描述捕捞时规格、捕捞时间、捕捞量、捕捞方法及工具
初加工、包装、储藏和运输	应按生产实际填写相关内容，储藏、运输等环节涉及药物使用的，应填写药剂名称、用量和使用方法，并应符合《绿色食品农药使用准则》（NY/T 393）和《绿色食品　渔药使用准则》（NY/T 755）要求
	相关操作和处理措施应符合《绿色食品　渔药使用准则》（NY/T 755）、《绿色食品　包装通用准则》（NY/T 658）和《绿色食品储藏运输准则》（NY/T 1056）要求
废弃物处理及环境保护措施	应按实际情况填写具体措施，并应符合国家和绿色食品标准要求
填表人和内检员	应由填表人和内检员签字确认

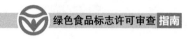

附件 5

《食用菌调查表》审查要点

项目	审查要点
申请产品情况	产品名称填写规范，应体现产品真实属性
	产品应明确是鲜品还是干品
	基地位置应具体到村
产地环境基本情况	产地应距离公路、铁路、生活区 50 米以上，距离工矿企业 1 千米以上，产地周边及主导风向的上风向无污染源
	绿色食品生产区域与常规生产区有缓冲或物理屏障，隔离措施符合《绿色食品　产地环境质量》（NY/T 391）和《绿色食品　产地环境调查、监测与评价规范》（NY/T 1054）要求
基质组成 / 土壤栽培情况	应按不同品种分别填写
	成分组成应符合生产实际，各成分来源填写明确，并提供购买合同（协议）和购销凭证
菌种处理	应按不同品种分别填写
	接种时间应填写本年度每批次接种时间
	菌种自繁的，应详细描述菌种逐级扩大培养的方法和步骤
污染控制管理	应详细描述基质消毒、菇房消毒措施，涉及药剂使用的，应填写药剂名称、用量和使用方法，并应符合《绿色食品　农药使用准则》（NY/T 393）要求
	其他潜在污染源及污染物处理方法应对食用菌生产及产品无害，如感染菌袋、废弃菌袋等
病虫害防治措施	病虫害防治措施应按不同品种分别填写
	农药名称应填写通用名，混配农药应明确每种成分的名称

（续表）

项目	审查要点
病虫害 防治措施	常见病虫害及物理、生物防治措施填写具体
	农药选用科学合理，适用防治对象，且符合《农药合理使用准则》（GB/T 8321）和《绿色食品　农药使用准则》（NY/T 393）要求
用水情况	用水来源、用量应按实际生产情况填写
采后处理	收获后清洁、挑选、干燥、保鲜等预处理措施填写具体完整，涉及药剂使用的，应填写药剂名称、用量和使用方法，并应符合《绿色食品　农药使用准则》（NY/T 393）要求
	包装材料应描述包装材料具体材质，包装方式应填写袋装、罐装、瓶装等
	相关操作和处理措施应符合《绿色食品　包装通用准则》（NY/T 658）和《绿色食品　储藏运输准则》（NY/T 1056）要求
食用菌 初加工	加工工艺不同的，应分别填写工艺流程
	产品名称应与申请书一致
	原料量、出成率、成品量应符合实际生产情况
	生产过程中不应使用漂白剂、增白剂、荧光剂等不符合国家和绿色食品标准的物质
废弃物处理 及环境保护 措施	应按实际情况填写具体措施，并应符合国家标准和绿色食品要求
填表人和 内检员	应由填表人和内检员签字确认

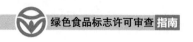

附件6

《蜂产品调查表》审查要点

项目	审查要点
产地环境基本情况	产品名称填写规范，应体现产品真实属性
	基地位置应填写蜜源地和蜂场名称
	对于蜜源地分散、环境差异较大的，应分别描述
	产地周边无污染源，生态环境、隔离措施等应符合《绿色食品 产地环境质量》（NY/T 391）和《绿色食品 产地环境调查、监测与评价规范》（NY/T 1054）要求
蜜源植物	应根据蜜源植物类别（野生、人工种植）分别填写
	病虫草害防治应填写具体防治方法，涉及农药使用的，应填写使用的农药通用名、用量、使用时间、防治对象和安全间隔期等内容，并应符合《绿色食品 农药使用准则》（NY/T 393）要求
蜂场	蜂种应填写明确
	蜜源地规模应填写蜜源地总面积
	应具体描述巢础来源及材质
	应具体描述蜂箱及设备的消毒方法、消毒剂名称、用量、消毒时间等，使用的物质应符合《绿色食品 农药使用准则》（NY/T 393）和《绿色食品 兽药使用准则》（NY/T 472）要求
	蜜蜂饮用水来源应填写露水、江河水、生活饮用水等
	涉及转场饲养的，应描述具体的转场时间、转场方法等，饲养方式及管理措施有无明显风险隐患；涉及转场的蜂产品，产品调查表应按照不同转场蜜源地分别填写
饲喂	饲料名称应填写所有饲料及饲料添加剂使用情况
	来源应填写自留或饲料生产单位名称

（续表）

项目	审查要点
饲喂	饲料的来源及使用符合《绿色食品　饲料及饲料添加剂使用准则》（NY/T 471）要求
蜜蜂常见疾病防治	根据常见疾病所采取的防治措施得当，兽药的品种和使用应符合《绿色食品　兽药使用准则》（NY/T 472）要求
	消毒物质和使用方法应符合《绿色食品　农药使用准则》（NY/T 393）和《绿色食品　兽药使用准则》（NY/T 472）要求
采收、储存及运输情况	有多次采收的，应填写所有采收时间
	有平行生产的，应具体描述区分管理措施
	相关操作和处理措施应符合《绿色食品　包装通用准则》（NY/T 658）和《绿色食品　储藏运输准则》（NY/T 1056）要求
废弃物处理及环境保护措施	应按实际情况填写具体措施，并应符合国家和绿色食品相关标准要求
填表人和内检员	应由填表人和内检员签字确认

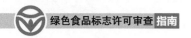

附件 7

绿色食品标志许可
审查报告

初次申请□　　续展申请□　　增报申请□

中国绿色食品发展中心

绿色食品基本情况表

申请人			
产品名称	商标	产量（吨）	备注

注：1.续展申请的申请产品名称、商标、产量有变化，应在备注栏说明。

2.增报申请（包括产品拆分）应在备注栏说明。

绿色食品审查情况表

项目		审查内容	审查结果
申请人	申请人资质	符合绿色食品申请人条件	
	申请产品	符合产品申请条件	
	申请书及产品调查表	规范、真实	
	资质证明文件	齐全、有效、真实	
	质量控制规范	有切实可行的质量管理体系	
	生产操作规程	科学、有效、可行，符合标准要求	
	基地及原料来源	合同（协议）、清单、购销凭证有效	
	预包装标签设计样张	符合 NY/T 658 要求	
	生产记录	齐全、真实、有效	
	免检环境	提供材料符合免检条件	
	免检产品	提供材料符合免检条件	
	标志使用	符合绿色食品标志使用要求	
现场检查	材料完整性	现场检查报告、会议签到表、发现问题汇总表、现场检查照片	
	资格要求	具有检查项目的相应专业资格	
	现场检查	符合《绿色食品 现场检查工作规范》要求	
	现场检查报告	填写规范、无遗漏、评价内容公正客观	
	会议签到表	日期与现场检查时间一致、人员齐全	
	发现问题汇总表	完成整改并附整改材料	

附录1

（续表）

项目		审查内容	审查结果
现场检查	现场检查照片	照片清晰、环节齐全	
检测机构	工作程序	工作时限符合《绿色食品许可审查程序》要求	
	产地环境质量检验报告	报告有效	
		结论表述规范	
	产品检验报告及抽样单	抽样单、报告有效	
		结论表述规范	
省级工作机构	工作程序	工作时限符合《绿色食品许可审查程序》要求	
	初审	符合《绿色食品许可审查工作规范》要求	
	初审报告	签字及工作机构盖章	
种植产品调查表	种子（种苗）	来源明确、包衣用药符合 NY/T 393 要求	
	肥料	符合 NY/T 394 要求	
	农药	符合 NY/T 393 要求（含仓储阶段）	
畜禽产品调查表	种苗	来源明确	
	饲料组成	符合 NY/T 471 要求，无禁用饲料及添加剂	
	饲料来源	来源固定，合同（协议）、清单、凭证有效	
	兽药使用	符合 NY/T 472 要求，无禁用药物	
	卫生防疫	符合国家要求及 NY/T 1892 要求	
加工产品调查表	原辅料组成	符合加工产品原料的有关规定	
	原辅料来源	来源固定，合同（协议）、清单、凭证有效	

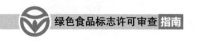

(续表)

项目		审查内容	审查结果
加工产品调查表	食品添加剂	符合 GB 2760 及 NY/T 392 符合	
	加工助剂	符合食品生产加工助剂要求	
	预包装材料	可循环利用、可降解、回收利用	
	仓储用药	符合 NY/T 393 要求	
水产品调查表	种苗	来源明确	
	饲料组成	符合 NY/T 471 要求，无禁用饲料及添加剂	
	饲料来源	来源固定，合同（协议）、清单、凭证有效	
	渔药使用	符合 NY/T 755 要求，无禁用药物	
食用菌调查表	菌种	来源明确	
	基质组成	符合生产需要，无禁用物质	
	基质来源	来源固定，合同（协议）、清单、凭证有效	
	生产用药	符合 NY/T 393 要求，无禁用药物	
蜂产品调查表	品种	来源明确	
	巢础	来源明确，主要成分符合要求	
	蜜源植物	来源明确	
	饲料组成	符合 NY/T 471 要求，无禁用饲料及添加剂	
	饲料来源	来源固定，合同（协议）、清单、凭证有效	
	蜂药使用	符合 NY/T 472 要求，无禁用药物	
备注			

绿色食品综合审查意见

审 查 意 见	□申请材料齐全规范，内容真实有效，申请人的资质条件、环境质量、产品质量、投入品使用、包装、储藏、运输均符合绿色食品标准及相关要求，建议提交专家评审。
	□申请材料和补充材料齐全规范，内容真实有效，申请人的资质条件、环境质量、产品质量、投入品使用、包装、储藏、运输均符合绿色食品标准及相关要求，建议提交专家评审。
检查员 （签字）	
处长 （签字）	

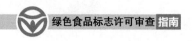

绿色食品综合审查意见

	申请材料存在以下严重问题,不符合绿色食品标准及相关要求,建议不予颁证。
检查员 (签字)	
处长 (签字)	
分管主任 (签字)	
主任 (签字)	

绿色食品综合审查意见通知书

申请类型	初次申请□　　续展申请□　　增报申请□
申请人	
申请产品	

注：1.补充材料请于____个工作日内完成，逾期视为放弃；

2.补充材料应由省级工作机构审核并提交中心。

（第 × 次补充材料审查意见）

检查员 （签字）	

处长 （签字）		审核评价处 （盖章）

注：1.联系地址：北京市海淀区学院南路 59 号 203 室，邮编：100081。

2.联系电话：010-591936 × ×/36 × ×。

绿色食品审查意见通知书

———————— :

你单位□初次申请□续展申请□增报申请的————————产品，存在以下严重问题，不符合绿色食品标准及相关要求，不予通过。

中国绿色食品发展中心

年　月　日

抄送：

注：1. 联系地址：北京市海淀区学院南路 59 号 203 室，邮编：100081。

2. 联系电话：010-591936××/36××。

绿色食品标志许可颁证决定

绿色食品专家评审结论	
评审结论	□申请材料齐全规范，内容真实有效，申请人的资质条件、环境质量、产品质量、投入品使用、包装、储藏、运输均符合绿色食品标准及相关要求，建议颁证。
	□申请材料存在以下严重问题，不符合绿色食品标准及相关要求，建议不予颁证。
专家组长（签字）	年　月　日
中心主任审批	
	□同意颁证 □不同意颁证
主任（签字）	年　月　日

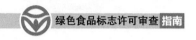

绿色食品标志许可颁证决定
（续展抽查专用）

绿色食品续展综合审查结论	
评审结论	□申请材料齐全规范，内容真实有效，申请人的资质条件、环境质量、产品质量、投入品使用、包装、储藏、运输均符合绿色食品标准及相关要求，建议予以通过。
	□申请材料和补充材料齐全规范，内容真实有效，申请人的资质条件、环境质量、产品质量、投入品使用、包装、储藏、运输均符合绿色食品标准及相关要求，建议予以通过。
检查员（签名）	
处长（签名）	
中心主任审批	
同意颁证	
主任（签字）	年　月　日

绿色食品标志许可颁证决定
（增报申请专用）

绿色食品综合审查结论	
审查结论	□申请材料齐全规范，内容真实有效，申请人的资质条件、环境质量、产品质量、投入品使用、包装、储藏、运输均符合绿色食品标准及相关要求，建议予以通过。
	□申请材料和补充材料齐全规范，内容真实有效，申请人的资质条件、环境质量、产品质量、投入品使用、包装、储藏、运输均符合绿色食品标准及相关要求，建议予以通过。
检查员（签字）	
处长（签字）	
分管主任（签字）	
主任（签字）	同意颁证　　　　　　　　　　　　年　月　日

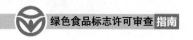

中心续展决定

同意续展

主任（签字）：

年　月　日

附件 8

补充材料审查确认单

申请类型	初次申请□ 续展申请□ 增报申请□		
申请人			
申请产品			
审查意见			

    根据____年__月__日《绿色食品审查意见通知书》要求，申请人对第×条，××检测机构对第×条，我单位对第×条审查意见进行逐条回复。经审查，内容全面、完整、有效，满足"意见"及相关要求。

检查员 （签字）		省级工作机构 （盖章）	年 月 日

附录 2

中国绿色食品发展中心关于进一步明确绿色食品地方工作机构许可审查职责的通知

中绿审〔2018〕55号

各地绿办（中心）：

　　绿色食品标志许可审查工作是保障绿色食品事业可持续健康发展的第一关。多年来，各省级绿色食品工作机构（以下简称省级工作机构）坚守入门关，严审严查，为维护绿色食品优质安全的品牌形象发挥了重要作用。随着绿色食品事业的快速发展，标志许可审查工作环节不断向地市县延伸，但省、地市县各级绿色食品工作机构职责划分不甚明晰，一定程度上影响了审查工作质量和效率。为充分发挥各级绿色食品工作机构的职能作用，进一步提高标志许可审查工作质量和效率，中国绿色食品发展中心根据《绿色食品标志管理办法》《绿色食品标志许可审查程序》，结合当前工作实际，对各级绿色食品工作机构承担标志许可审查工作的工作条件和工作职责进一步予以明确（附件1、附件2）。

　　各省级工作机构要按照通知中规定的工作职责、工作条件和工作要求做好以下工作：一是制定绿色食品标志许可审查相关制度、规范和工作细则；二是结合工作实际进一步明确本行政区域内标志许可审查工作各环节职责分工，突出各环节审查要点，实施分段管理，分级落实审查责任；三是对本行政区域内各地市县级工作机构的工作条件进行评估，确定授权委托机构和工作范围并报备中心审核评价处。

请各省级工作机构高度重视标志许可审查工作，严守规范、落实责任，切实为提升绿色食品发展质量把好审查关口。

特此通知。

附件：1. 各级绿色食品工作机构标志许可审查工作条件和工作职责
2. 地方工作机构绿色食品标志许可审查各工作环节的重点内容和具体要求

中国绿色食品发展中心
2018年4月19日

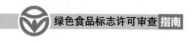
附件1

各级绿色食品工作机构标志许可审查
工作条件和工作职责

一、绿色食品标志许可审查基本职能的分工与衔接

绿色食品标志许可审查是指绿色食品工作机构对绿色食品标志使用申请的受理审查、现场检查、初审、综合审查、专家评审和颁证决定，具体职责分工如下。

（一）中国绿色食品发展中心（以下简称中心）负责全国绿色食品标志使用初次申请的综合审查、专家评审和颁证决定，续展申请的综合审查（抽查）和颁证决定。

（二）省级工作机构负责组织本行政区域内绿色食品标志使用初次申请的受理审查、现场检查和初审，续展申请的受理审查、现场检查、初审和综合审查。

（三）省级工作机构可授权委托有条件的地市县级绿色食品工作机构（以下简称地市县级工作机构）承担绿色食品标志使用初次申请和续展申请的受理、组织现场检查或其中部分工作。

二、省级和地市县级绿色食品工作机构开展标志许可审查工作的条件

（一）省级工作机构开展绿色食品标志许可审查工作，应具备以下条件。

1. 有负责绿色食品工作的职能部门，有负责绿色食品工作的主管领导。

2. 有3名及以上专门从事绿色食品工作的绿色食品检查员，检查员注册专业齐全。

中国绿色食品发展中心关于进一步明确绿色食品地方工作机构许可审查职责的通知

3.制定了本行政区域内绿色食品标志使用初次申请受理、现场检查、初审以及续展申请受理、现场检查、初审和综合审查的实施办法或工作细则。

4.制定了针对地市县级工作机构的管理办法（适用于已授权地市县级工作机构开展审查工作的省级工作机构）。

（二）地市县级工作机构开展绿色食品标志许可审查工作，应具备以下条件。

1.有2名及以上专门从事绿色食品工作的绿色食品检查员，检查员注册专业结构能够满足本行政区域内绿色食品标志许可审查工作需要。

2.具有上级行政管理机构规定的承担绿色食品工作的职能。

3.具备省级工作机构规定的其他要求。

三、省级和地市县级绿色食品工作机构标志许可审查的工作职责

（一）省级工作机构在绿色食品标志许可审查工作中的主要职责。

1.负责本行政区域内绿色食品标志使用初次申请的受理、现场检查和初审，续展申请的受理、现场检查、初审和综合审查。授权地市县级工作机构的工作范围除外。

2.确定并授权委托地市县级工作机构承担许可审查工作范围，并向中心备案。

3.负责本行政区域内绿色食品标志许可审查相关制度、规范和工作细则的制修订工作；制订本行政区域内绿色食品标志许可审查工作计划并组织实施。

4.负责组织地市县级工作机构管理人员、检查员、企业内检员的培训工作。

5.对地市县级工作机构承担的绿色食品申请受理审查、现场检查等工作的情况进行技术指导和监督抽查。

6.组织协调申请企业进行产地环境和产品检测。

（二）地市县级工作机构在绿色食品标志许可审查工作中的主要职责。

1.按照省级工作机构确定并授权的工作范围开展绿色食品标志许可审查相关工作。

2.按照《绿色食品标志许可审查工作规范》《绿色食品现场检查工作规范》的要求和省级工作机构制定的许可审查工作要求开展所授权的相关工作。

3.组织本行政区域内绿色食品内检员培训，对本行政区域内绿色食品企业生产管理进行指导。

附件 2

地方工作机构绿色食品标志许可审查各工作环节的
重点内容和具体要求

一、受理审查

承担受理审查的工作机构要对照《绿色食品标志许可审查程序》和《绿色食品标志许可审查工作规范》，重点对申请人资质条件、申报产品条件、申报材料的齐备性、真实性、合理性以及续展申请的及时性进行审查。齐备性重点审查申请人是否按照申请材料清单提交申请材料；真实性重点审查营业执照、商标注册证、食品生产许可证、相关合同等资质证明材料是否真实准确；合理性重点审查质量管理规范的有效性和生产技术规程是否可行有效。受理决定应由实际承担受理审查的工作机构作出，负责人签字，加盖该工作机构公章，并向申请人发出《绿色食品申请受理通知书》。

二、现场检查

承担现场检查的工作机构要严格按照《绿色食品现场检查工作规范》开展工作，重点检查申请人实际生产情况与申报材料的一致性、与绿色食品标准的符合性、质量管理规范和生产技术规程的有效性。对于续展企业申请人还应重点检查绿色食品标志使用情况、协议合同的履行情况以及上一周期年检、现场检查发现问题的整改落实情况等。

现场检查要建立严格的现场检查责任制，检查组长总负责，确定检查任务，明确任务分工，组织本组检查员保质保量完成检查准备、检查实施、检查报告、检查档案等各项任务。做到检查环节齐全、检查过程真实、检查范围全覆盖、检查要点准确、检查评价客观、检查结果有效，杜绝走形式、走过场、应付式检查。每个企业现场检查时间原则上不少于1天。检查组应及时提交现场检查报告，报告内容应完整、翔实、无遗漏，评价应客观、公正、有依据，提出问题应具体、真实、有证据，检查报告应交被检查方签字确认，检查现场所取得的资料、记录、照片（应涵盖首末次会、环境调查、现场检查、投入品仓库查验、档案记录查阅、生产技术人员现场访谈、投入品包装等）等文件作为报告的附件一同提交。

承担现场检查的工作机构应对检查组工作情况进行监督，严肃问责不认真负责、不发现问题、不到现场、不写报告、弄虚作假行为。

三、初　审

初审应至少由1名省级工作机构绿色食品检查员按照《绿色食品标志许可审查工作规范》实施，或由省级工作机构定期组织集中审核并形成初审意见。初审材料包括申请人申报材料、环境和产品质量证明材料、现场检查报告及相关材料等，省级工作机构应对以上材料的完备性、规范性、科学性进行审查，重点对环境和产品质量证明材料、现场检查报告及相关材料进行审查，确保申请人申报材料完备可信、现场检查报告及相关材料真实规范、环境和产品检验报告合格有效。省级工作机构对初审结果负责，主要或分管负责人要出具初审意见并亲笔签字确认，加盖省级工作机构公章。

续展申请的初审与综合审查可合并进行，应至少由1名省级工作机构绿色食品检查员按照《绿色食品标志许可审查工作规范》实施。省级工作机构可组织专家对续展材料进行专家评审，形成综合审查意见，再作出是否续展的决定。

中国绿色食品发展中心办公室
2018年4月19日印发